AF343473

ESSAI
SUR L'ÉTUDE
DE
LA MINÉRALOGIE,

AVEC APPLICATION PARTICULIÈRE

AU SOL FRANÇAIS,

ET SURTOUT

À CELUI DE LA BELGIQUE.

PAR ROZIN,

PROFESSEUR de Minéralogie, Botanique et Zoologie dans l'*Ecole Centrale de la Dyle*; ancien Professeur de Physique et Chimie dans celle de l'Escaut; Président de la *Société de Médecine de Bruxelles*; Membre de celle d'*Histoire-Naturelle* de la même ville; de la *Société d'Emulation d'Anvers*, &c.

═══════════

A Bruxelles, de l'imprimerie de TUTOT; et se trouve chez les principaux libraires de la même ville; à Paris, chez Fuchs, rue des Mathurins.

à Mr. Van Langenhove
Maire de Bruxelles,
Membre de la Société d'histoire
naturelle etc.

De la part de son très humble
et très obéissant serviteur
[signature]

AVANT-PROPOS.

Ce petit ouvrage est le résumé du *Cours de Minéralogie* dans l'Ecole Centrale de Bruxelles.

La première fois que ce cours avoit été donné, on s'étoit borné à faire connoître les *objets*, sans beaucoup s'occuper des *localités*. Mais depuis que le C. *Doulcet Pontécoulant*, Préfet du département de la Dyle, avoit demandé à l'Ecole Centrale des renseignemens sur *les Minéraux du pays et leurs gissemens*, le professeur a cru devoir faire tourner au profit de l'instruction ses recherches à cet égard, et il a vu avec plaisir que les éclaircissemens qu'il avoit pu se procurer et ceux qu'il cherchoit encore, sont devenus un objet de curiosité et d'émulation pour les élèves, dont plusieurs ont fait des excursions très-fructueuses pour la science.

Ce n'est pas qu'on n'eut senti d'abord que c'étoit par là que l'on eût dû commencer; mais il faut, pour les voyages, plus de *loisir*, que l'on n'en trouve lorsque l'on est assujéti à des leçons régulières, et ces voyages exigent des *frais* dont les fonds ne sont pas alloués; c'est de plus l'opinion générale, que cette partie de la Belgique est aussi stérile pour la minéralogie qu'elle est riche pour l'agriculture. Mais si l'on réfléchit que cette heureuse fertilité dépend de la nature du *sol*, et qu'il n'est pas indifférent de connoître *de quoi il est composé*; que les *matériaux* dont on a construit et décoré d'aussi grandes villes que *Bruxelles*, *Gand* et *Anvers*, sont tirés des *carrières du pays*; que les rues et les chaussées offrent une grande variété dans leurs *pavemens*, et qui excite beaucoup la curiosité des étrangers assez instruits pour y faire attention, on sera convaincu que cette contrée n'est pas entièrement dépourvue d'intérêt pour la Minéralogie. Il est facile, au reste, de concevoir que cette science ne manque nulle part d'objet d'étude. On se rappelle le *sur quoi y marche-t-on?* de DAUBENTON : C'est la réponse qu'il fit à ceux qui soutinrent que tel ou tel pays n'avoit point de Minéraux.

Quoique l'esquisse que nous présentons, soit encore très-imparfaite, le lecteur y verra cependant que le pays abonde en Minéraux aussi précieux pour la science que pour le commerce. Notre *Porphyre*, d'une dureté et d'un grain comparable au *Porphyre antique*, est d'une composition particulière inconnue jusqu'ici aux minéralogues. Notre *Pierre calcaire bleue*, parsemée de petits crystaux de spate blanc, est de l'usage le plus étendu et du plus bel effet dans les bâtimens et dans la sculpture. Nos *Grès*, dans leur formation presque sous nos yeux et dans leurs différentes métamorphoses, peuvent fournir des lumières que l'on chercheroit en vain ailleurs. Je ne citerai pas ici les minérais d'*Or*, d'*Argent*, de *Mercure*, de *Zinc* et de *Fer*, que l'on a rencontrés dans le département de la Dyle, les ayant indiqués à leur place, dans le courant de l'ouvrage, aussi bien que toutes les mines de l'ancienne France et des départemens réunis, autant qu'elles m'ont été connues. Les nôtres ont été vantées de tout

temps, et de tout temps négligées, et cela par
une cause très-simple : c'est que l'AGRICULTURE
est ici d'un produit plus assuré que ne le
sont toutes les mines d'or de l'Europe, et
que l'on est convaincu, par une longue expérience, que la terre rend toujours à proportion du nombre des bras que l'on emploie pour la cultiver, et que l'on ne peut
jamais en employer trop.

Cette richesse productive, du Brabant et
de la Flandre, dépend beaucoup de leur
position géologique et des révolutions que
le sol y a souffertes. Situé sur une pente
douce qui des rochers les plus élevés des
Ardennes se prolonge vers la *mer*, et formé
des dépouilles de l'un et de l'autre, ce sol se
compose de couches successives d'*Argille*, de
Sable et de *Terre calcaire*; cette dernière,
occupant plus souvent le dessus que les deux
autres, se modifie en *Marne* par l'influence
de l'atmosphère et le mélange des débris
siliceux, en *Terreau*, par celui de matières
végétales, et renouvelle sans cesse les élémens
de la fertilité, à mesure qu'une culture plus
profonde les met en contact avec les météores et la végétation. Mais lorsque la dis-
position naturelle de ces couches est moins
avantageuse, l'industrie du cultivateur y sup-
plée, en couvrant le sable avec de la marne
ou un terreau artificiel. Quelquefois la couche
d'argille repose sur une couche de tourbe, et
quelquefois elle en est couverte, de sorte
que la tourbe sert de lit au sable chargé de
bancs calcaires.

Dans les plaines basses, l'on peut presque

toujours atteindre l'eau avec une perche, à travers les couches d'argille et de tourbe.

Ces variations sont autant de monumens de la lutte entre la terre et l'océan. Les attérissemens semblent avoir eu lieu à quatre reprises.

Le plus ancien s'est formé de la masse coquillière qui commence par la montagne du parc de Bruxelles, et s'étend jusqu'à la forêt de Soignes, dont l'élévation, interceptant les nuages venant de la mer, attire cette humidité féconde qui caractérise notre climat, nous garantit de l'aride influence du vent d'est en été, et de ces amas de neige qu'il charie en temps d'hiver. Au pied de cette lisière de montagnes, formée de coquillages fossiles et de grès siliceux calcaire, coule la *Senne*, et plus loin la *Dyle*, toutes les deux sur un fond argilleux, et versant leurs eaux dans l'Escaut.

Le second banc calcaire forme le superbe plateau d'*Afflighem*, qui termine le département de la Dyle ou l'ancien Brabant, et d'où l'on jouit du coup-d'œil magnifique de la Flandre jusqu'à la mer. Il est composé d'une très-belle pierre de taille, presque à fleur de terre, mêlé de grès plus grossier et de débris de coquilles.

Au bas de cette montagne, la riante vallée d'*Alost* est arrosée par la *Dendre*, navigable depuis Alost jusqu'à Termonde, ou plutôt Dendremonde (bouche de la Dendre), où elle se jette dans l'Escaut.

La troisième montagne calcaire est celle d'*Oerdeghem*, à deux lieues au-delà d'Alost; la quatrième est celle de *Saint-Pierre* avec les élévations attenantes près de Gand. Elles sont toutes les deux formées de coquillages fossiles très-bien conservés. Je ne doute pas que celle de St.-Pierre ne contienne du grès à une certaine profondeur, puisqu'elle est posée sur un fond de sable. Son pied est baigné par la *Lys*, belle rivière, qui s'unit un peu plus bas à l'Escaut.

Cette suite de bancs de coquillages prouve d'anciennes inondations, par lesquelles la mer a successivement déposé sur des sables arides les élémens d'une fertilité toujours renaissante.

Quoique de nos jours l'art ait mis des barrières à de semblables irruptions, il arrive cependant que les eaux reprennent encore leurs droits sur une terre tant de fois leur conquête. Mais ces désastres partiels ont un avantage général, c'est de fertiliser le terrain envahi : les *Polders*, ou nouveaux attérissemens, donnent toujours d'aussi belles récoltes, que les meilleures terres coquillières.

La description des coquilles fossiles que renferment les vastes dépôts en question, auroit sans doute mérité une place dans un ouvrage consacré particuliérement à la minéralogie du pays ; mais comme l'*Oryctographie belgique de M. Burtin* laisse peu de choses à désirer sur ce sujet, j'aurois entrepris un travail superflu, et très-dispendieux par les gravures : je n'y penserai qu'autant que les circonstances me permettront de publier la description détaillée du cabinet de minéralogie de Bruxelles, composé de celui de la ci - devant académie impériale, des beaux échantillons de minéraux obtenus du Musée d'histoire - naturelle de Paris, et de ceux rassemblés par les professeurs et les élèves de l'Ecole Centrale. Ces collections réunies, rangées d'après la méthode d'*Haüy*, avec sa nomenclature jointe à celle de *Linné*, forment un assemblage précieux pour l'instruction. Il est à souhaiter, que, dans la nouvelle organisation de l'instruction publique, cette collection et le beau local (1) qui la renferme puissent être conservées à une *Ecole spéciale*, d'autant plus que la même enceinte contient tout ce qui pourroit y être nécessaire, tel qu'un jardin botanique bien garni, avec serres chaudes et autres dépendances; un riche dépôt d'instrumens de physique et de chimie; une bibliothèque aussi nombreuse que bien choisie; des salles spacieuses pour les classes; un amphithéâtre pour la distribution des prix et autres solemnités semblables, sans parler de tous les autres avantages qui rendent ce local particuliérement convenable pour l'instruction publique. On peut espérer, que les amis des sciences, dont se composent actuellement les autorités départementales et communales, s'intéresseront auprès d'un Gouvernement éclairé et bienfaisant, pour la conservation d'un établissement si digne d'attention.

---

(1) La décoration de ce cabinet fait honneur au goût du C. *Boschaert*, directeur de l'académie des beaux-arts de Bruxelles, et du C. *François*, professeur de dessin à l'Ecole Centrale.

ESSAI

SUR L'ÉTUDE

DE

LA MINÉRALOGIE.

ENFANS de la terre, nourris de son sein, nous dépendons du sol, presqu'autant que les plantes, qu'il fait croître à côté de nous.

Par une inconféquence, affez commune dans la vie humaine, nous jouiffons des produits fans faire attention à la fource; & depuis que la connoiffance de la nature eft devenue un befoin général, c'eft encore l'étude de la *Minéralogie* qui eft la moins répandue.

C'eft pourtant elle qui a le plus de liaifon avec les belles découvertes qui font la gloire de notre fiècle; dans cette fcience, qui, depuis fa refonte, eft digne de fervir de modèle à toutes les autres.

Elle a les mêmes rapports avec la phyfique, dont plufieurs phénomènes reçoivent d'elle leur explication.

A

Les arts font encore plus dans fa dépendance :
il n'y en a aucun qui ne lui doive tous fes
moyens d'exécution ; & l'expérience nous prouve, que leurs progrès marchent de front avec
ceux de la fcience que nous nous propofons de
parcourir.

C'eft par elle qu'on doit commencer l'étude
de l'*Hiftoire - Naturelle*, devenue le goût favori
du beau monde.

Pour peu que l'on foit initié dans la minéralogie, elle n'offre pas moins d'intérêt que la
zoologie & la botanique, & il femble naturel
d'accorder la préférence à celle qui produit ou
nourrit les autres.

Elle fe compofe des fubftances formant la maffe
de notre globe, & qui font comprifes fous la
dénomination de *Minéraux*.

Une longue fuite d'expériences a divifé les
minéraux en deux grandes fections : les *incom-*
buftibles & les *combuftibles*.

Ce font les minéraux incombuftibles ou ceux
qui ne font pas fujets à s'enflammer & à brûler, qui font les plus abondans. On les défigne
fous le nom de *Terres*. On y joint les *fubftan-*
ces pierreufes, qui ne font en effet que des *terres*
durcies.

On a long-temps regardé la *formation des*

terres comme une *aggrégation* confuse & pure-
ment accidentelle.

On doit cependant observer que plusieurs de ces
substances naissent, pour ainsi dire, sous nos
yeux, prennent un accroissement successif avec
des caractères constans qui se succèdent dans une
suite continuelle, & qu'elles se dégradent peu à
peu par la vétusté, qui enfin amène leur dissolution. Il est difficile de concevoir cette progression sans admettre des parties constituantes,
remplissant chacune ses fonctions & agissant ensemble pour un but déterminé. Il y a même
une filiation de formes, quoique rares, mais
presque aussi invariables que dans l'animalité &
dans la végétation. La nature est une, & partout la
même, dans la variété infinie de ses développe-
mens. Mais comme sa marche vers ses fins est lente
dans les minéraux & les moyens très-difficiles à
observer, on ne peut pas ici prendre la *conformation* pour base de la science, comme dans la partie
végétale & animale.

Il est vrai que *Romé-de-Lisle* & surtout *Haüy*,
ont établi des méthodes très-savantes sur la crystallisation, qui n'est en effet qu'une sorte de
florescence minérale. Mais pour étudier la science
de cette manière, il faut avoir sous les yeux les
collections, peut-être uniques, de ces savans, ou
être réduit à croire sur parole, au-lieu d'observer par soi-même.

A 2

Le rapport des formes cryftallines avec les calculs géométriques eft fans doute un bel objet de méditation, & on auroit tort de le négliger. Mais fi on l'établit pour bafe de l'étude, on peut devenir grand favant en curiofités, fans connoître la moindre chofe de la minéralogie de fon pays, & des avantages qu'elle peut offrir pour l'agriculture & pour les arts.

Le but principal d'une fcience doit toujours être l'*utilité*. Pour connoître à quoi les terres peuvent devenir utiles, il faut favoir découvrir les élémens qui les compofent. La cryftallifation n'y fuffit pas, à caufe de fon défaut abfolu dans la prefque totalité des maffes terreufes. La chimie offre des moyens d'une appréciation plus générale. C'eft dans cette perfuafion que *Wallerius*, *Bergmann*, *Schele* & *Klaproth* ont introduit l'analyfe chimique dans l'étude de la minéralogie, méthode perfectionnée en France par *Fourcroy*, *Vauquelin*, le Confeil des mines, & qui, toute prévention à part, eft la feule à adopter pour bafe, parce qu'elle eft de l'application la plus fûre & la plus étendue.

On pourra objecter, que l'analyfe chimique n'eft pas une opération à la portée de tout le monde, & qu'il faut avoir la fcience & les moyens de *Vauquelin* pour découvrir ainfi les fecrets de la nature ; mais l'on fe trompe. Il ne faut ni de grandes connoiffances en chimie, ni un vafte laboratoire, pour exécuter ce que

Vauquelin nous enseigne sur ce sujet : il suf-
fira des notions élémentaires ; & pour les expériences, on peut se servir d'un fourneau de poterie, si l'on veut opérer par la *voie sèche* ou
l'action seule du feu ; mais comme la *voie humide* demande encore moins de moyens, il faudra se procurer l'appareil portatif de *Lowitz*,
consistant en un petit fourneau de fer-blanc de
12 centimètres, ou environ 4 pouces & demi de
haut sur 8 centimètres ou 3 p. de diamètre, percé
de trous à l'entour pour laisser entrer l'air, &
ayant vers le bas une petite porte pour introduire
une lampe à l'esprit-de-vin : le haut du fourneau est
garni d'un couvercle ayant au milieu une ouverture circulaire, pour admettre un creuset jusqu'à
un doigt de distance de la lampe.

Le creuset devroit être fait en platine, pour ne
pas être sujet à se fondre ; mais comme cette manière est très-rare, il faudra se contenter d'argent
fin, qui soutient assez bien le feu, surtout autant
qu'il y a du liquide dans le creuset, qui doit pouvoir
contenir 40 grammes ou environ 10 gros d'eau
pure. Pour compléter l'appareil portatif, il faudra
encore un manche postiche au fourneau, une spa-
tule d'argent pour remuer le mélange, une paire de
pinces pour manier le creuset lorsqu'il est chauffé,
& pour dresser la mèche de la lampe au besoin.
Ce fourneau, un mortier avec son pilon, une
petite provision d'alcali tant dans son état ordi-

naire que cauftique , (c'eft à-dire , dégagé de *l'acide carbonique*) & volatil ou ammoniaque , de l'efprit de vin ou alcool , un peu d'eau-forte , de l'huile de vitriol & de l'acide extrait du fel marin (*acide muriatique*) , un chalumeau , un grand morceau de charbon plat & un peu de borax. Voilà tout ce qu'il faut pour l'analyfe des terres.

Pour ceux qui n'ont pas les connoiffances requifes en chimie , il fera néceffaire d'expliquer la nature de ces différentes fubftances employées dans les analyfes.

Les *alcalis cauftiques* font la *Potaffe* & la *Soude pures*.

La POTASSE fe rencontre dans quelques *minéraux* , en petite quantité & d'une extraction difficile , mais s'obtient en abondance des *cendres de matières végétales* , même des plus inutiles à d'autres ufages , telles que la lie , le marc , les fruits fauvages , les écorces , &c. La méthode de l'extraire , eft de bien leffiver avec de l'eau froide les cendres formées par la combuftion de ces matières , & de faire évaporer la leffive jufqu'à ce qu'il n'en refte qu'une matière faline féche , que l'on met dans des *pots* , d'où dérive le nom de *potaffe* (qui fignifie en allemand cendres de pots), & on le fait calciner à un feu de charbon. Cette première opération produit la *potaffe commune du commerce*.

Cette potasse n'est pas encore exempte de mélange étranger, & son emploi dans l'analyse pourroit quelquefois induire en erreur, surtout par l'acide carbonique dont elle est toujours chargée.

Pour la purifier, on y ajoute le double de son poids de chaux vive, trente fois de son poids d'eau de pluie distillée, & l'on fait bien bouillir le mélange pendant trois heures. Après avoir filtré cette lessive, on la fait bouillir de nouveau à grand feu, jusqu'à ce qu'elle s'épaississe assez pour approcher de la consistance du miel clair, lorsqu'elle est refroidie jusqu'à la température de 50 degrés du thermomètre décimal. L'on y ajoute alors de l'alcool rectifié environ un tiers du poids de la potasse, & l'on fait chauffer de nouveau le mélange jusqu'à l'ébullition; après quoi on le retire du feu, & le verse dans une bouteille. Des trois couches que l'on voit s'y former dans le refroidissement, l'on retire la supérieure par le moyen d'un siphon : c'est une liqueur brune, formée de la dissolution de potasse pure dans de l'alcool, que l'on remet sur le feu dans une casserolle étamée, & la fait évaporer avec rapidité, jusqu'à ce qu'en levant une croûte noire qui s'y est formée, l'on découvre une liqueur d'une apparence huileuse & uniforme. On la laisse couler dans des vases plats de faïance, pour se figer & sécher d'autant plus vite. Aussitôt qu'elle devient cassante, on la réduit en mor-

ceaux & l'enferme dans des bocaux de verre
bien bouchés, pour empêcher qu'elle ne soit altérée par l'influence de l'atmosphère, & que l'air
humide ne la rende déliquescente.

Si l'on n'a pas l'occasion de purifier ainsi la
potasse, l'on peut en trouver dans les pharmacies sous le nom de *pierre à cautère*, qui n'est cependant jamais assez pure pour les analyses délicates.

La Soude commune est le produit de la lixiviation des cendres de quelques plantes qui viennent sur les bords de la mer, & surtout de celle
nommée *Soude* (*Salsola soda*, L.). L'opération est
la même qu'avec la potasse; & comme toutes
les deux sont également chargées de matières
étrangères, il faut qu'elles soient purifiées de
même, pour servir dans les analyses chimiques.

L'on fait donc subir à la soude du commerce
le même procédé qu'à la potasse, en la traitant
d'abord par la chaux pour enlever l'acide carbonique, en la délayant d'eau pour fondre les sels
étrangers dont elle peut être mêlée, & en la dé-
tachant enfin de toute matière hétérogène par
sa dissolution dans l'alcool, qui surnage à l'eau,
& se laisse décanter séparément, pour s'évaporer
ensuite & laisser la soude pure, soit en état de
crystallisation, soit en masse informe.

On retire aussi la soude en abondance du *sel*

maria, en le féparant de l'*acide muriatique*, opération dont nous rendrons compte ailleurs.

L'Ammoniaque, ainſi nommé de l'*Ammonie*,
province de la Syrie d'où on la tiroit autrefois, eſt un *alcali volatil* produit par la putréfaction de même que par la décompoſition artificielle ou diſtillation de matières animales, telles
que des chairs gâtées, des os, des étoffes de
laine uſées, de l'urine; en petit dans des cor-
nues, & en grand dans des fours à tuyaux conf-
truits pour cette opération.

On l'extrait auſſi du *ſel ammoniaque* du commerce, par le moyen de la chaux, qui, ayant plus
d'affinité avec l'*acide muriatique* qu'avec l'ammoniaque, ſe combine avec le premier & laiſſe l'autre à nud. Mais comme ce ſel n'eſt ſouvent pas
aſſez pur, on le diſſout premièrement dans de l'eau
chaude, & laiſſe enſuite cryſtalliſer à froid cette diſſolution. On mêle les cryſtaux obtenus avec trois
fois leur poids de chaux éteinte dans une cornue
de grès, placée ferme ſur un réchaud, & à ſon ouverture on adapte avec du maſtic un tube de
verre, tenant à un petit flacon de l'appareil connu
de *Woulfe*, & qui contient aſſez d'eau pour
couvrir l'inſertion de ce tube, dont la poſition
eſt horizontale ou un peu inclinée. Mais du haut
du même flacon part un autre tube courbé en

A 5

siphon, dont l'extrémité plonge dans un second flacon, rempli d'eau distillée à peu près d'un poids égal au muriate d'ammoniaque mis dans la cornue; & ce flacon communique encore avec un troisième, par un siphon semblable qui s'ouvre de même au fond de l'eau y contenue.

L'appareil ainsi placé, on allume le feu sous la cornue, & la chauffe jusqu'à la rougeur. Le gaz d'ammoniaque dégagé passe d'un flacon à l'autre, & sature successivement l'eau, de sorte que l'on peut voir à travers le verre le progrès de l'opération, & la faire cesser dès que le gaz commence à passer dans le troisième flacon, pour empêcher que sa trop grande abondance & son élasticité ne brise l'appareil; ce que l'on peut aussi prévenir par les tubes de sûreté ou de dégagement dont les flacons de *Woulfe* sont ordinairement pourvus.

L'eau du premier flacon se charge de toutes les saletés dont le sel se trouve mêlé, & le gaz passe tout épuré dans le second flacon, dont l'eau ainsi saturée devient de l'ammoniaque fluide, qui peut servir dans les analyses.

Le *Carbonate d'Ammoniaque* se prépare d'une certaine quantité de sel d'ammoniaque broyé avec la moitié de son poids de craie purifiée & autant d'eau, le tout au bain de sable à petit feu dans une cornue de verre. Lorsque le mélange est à peu près sec, on augmente peu à peu le feu, après avoir adapté à la cornue un récipient par le moyen d'un tuyau. La matiére qui passe dans le récipient & se cryfallise enfuite, est du *Carbonate d'Ammoniaque*, que l'on doit conferver dans des bocaux bien fermés; Si on veut l'avoir *liquide*, on le diffout dans trois fois fon poids d'eau.

L'ALCOOL n'est, comme on fait, que de l'efprit-de-vin *rectifié* ou rediftillé jufqu'à ce qu'il brûle fans laiffer de réfidu lorfqu'on y met le feu.

L'HUILE DE VITRIOL, ou l'*Acide fulfurique* de la chimie, peut fervir tel qu'on le prend chez les droguiftes; mais fi l'on veut le préparer foi-même, c'est par le procédé fuivant:

Après avoir réduit en poudre une quantité indéterminée de vitriol vert, ou *fulfate de fer* de la chimie, on l'étend fur des plaques de fer, & l'arrofe d'eau, le remue de temps en temps & l'arrofe de nouveau dès que la matiére féche, & cela à plufieurs reprifes, jufqu'à ce qu'il foit converti en vitriol rouge incryftallifable. On le calcine légérement dans un pot de fer, le met avec de l'eau dans une cornue de grés glacée en-dedans, & l'on diftille à un feu de réverbère jufqu'à épuifement. On le rectifie enfuite pour le concentrer davantage.

A 6

L'Eau-forte, ou l'*Acide nitrique* de la chimie se prépare en distillant ensemble une certaine quantité de salpêtre purifié & deux fois autant d'acide sulfurique délayé d'une quantité d'eau égale à son poids. La cornue doit être d'une grandeur proportionnée pour n'y laisser de vide qu'environ un tiers de sa capacité. On la chauffe d'abord d'un feu modéré, que l'on augmente peu à peu jusqu'à ce que le liquide soit passé.

Le résidu de cette distillation peut servir à la fabrication du *sulfate de potasse*, qui sert aussi dans les analyses. On dissout la matière dans l'eau bouillante, on y mêle de la potasse, qui se combine avec le restant d'*acide sulfurique*. On fait passer la dissolution par le filtre, & crystalliser par évaporation.

L'Esprit acide de sel, ou l'*acide muriatique* de la chimie se prépare comme il suit :

On mêle dans une cornue de verre, placée sur un bain de sable, une quantité déterminée de sel marin avec trois fois son poids d'acide sulfurique & autant d'eau.

On adapte à la cornue un gros ballon de verre pourvu d'un tube de sûreté, & rempli d'eau jusqu'aux trois quarts de sa capacité, en lutant bien la jointure. L'appareil ainsi disposé, on laisse opérer le mélange à froid pendant trois heures, & ensuite on allume le feu, dont on augmente peu à peu l'intensité, jusqu'à la chaleur rouge ; en faisant attention cependant au tube de sûreté, pour diminuer le feu, si l'élasticité des vapeurs menace de briser le ballon.

Après avoir laissé refroidir l'appareil, on décante l'acide contenu dans le ballon, & on le conserve dans des bouteilles à bouchons de verre à l'émeril & renversées sur le bouchon.

Le Borax, *Borate alcalin de soude* de la chimie, se trouve tout purifié chez les droguistes.

Il y a des cas où il est nécessaire d'employer l'appareil *pneumato - chimique* ; mais celui - ci est aussi de la plus grande simplicité, ne consistant qu'en une petite cuvelle de fer blanc, ou même de bois, la moitié de sa capacité supérieure fermée à un pouce au-dessous du bord par une planchette percée d'un trou & d'une rainure, pour laisser passer un tube de verre courbé, & transmettre des gaz dans un récipient ou cloche de verre placée sur la planchette, la cuvelle remplie d'eau de manière à en baigner le bas du récipient.

Dans les cabinets de minéralogie, on trouve les différentes substances rangées en séries d'après tel ou tel système ; ce n'est pas de même dans la nature, & celui, qui veut apprendre à connoître les minéraux dans leur gissement naturel, doit les étudier d'abord tels qu'ils s'offrent le plus

souvent à nos yeux, & remonter de l'observation à la méthode.

Il paroîtroit naturel de commencer par les *corps
simples* & descendre successivement ensuite aux
composés; mais des corps simples ne se trouvent
point dans la nature; on ne les obtient tels que
par des opérations chimiques. Il importe donc
peu par quel composé que l'on commence.

Le premier coup d'œil sur le sol que nous
habitons rencontre une terre obscure nommée
TERREAU. Cette terre va rarement jusqu'à 3 ou
4 décimètres (environ un pied) de profondeur.
La réflexion, jointe à l'expérience, nous apprend
qu'elle est le résidu de la dissolution des matières
végétales & animales. Elle est legère, d'une consistance pulvérulente avec peu de cohérence, s'imbibant facilement d'eau, mais peu propre à la
retenir; aride au toucher lorsqu'elle est sèche;
son teint varie d'après la proportion des substances
dont elle est composée, & d'après le mélange
avec des particules étrangères.

Le terreau forme la surface des jardins, des
champs cultivés & des prairies; c'est la terre nourricière des plantes. Il est donc utile de connoître
sa composition, pour savoir l'augmenter à volonté, & substituer d'autres matières à l'engrais,
qui n'est jamais assez abondant pour les besoins
de l'agriculture.

Pour procéder à l'analyse du terreau, on le fait

fécher, réduire en poudre & paſſer par le tamis, afin d'en féparer le fable & autres cor s étrangers.

De ce terreau pur l'on péſe dix grammes (2 gros & 44 grains) , que l'on partage en deux portions. L'on place une moitié ou 5 grammes (94 grains) dans une petite taſſe, & on verſe là-deſſus une égale quantité d'eau-forte (acide nitrique). On verra qu'une grande partie du terreau fe diſſout dans l'acide, ce qui, joint à l'efferveſcence, caractérife déjà une fubſtance *car-bonatée* , le gaz acide carbonique étant le feul qui fe dégage par le contact de l'acide nitrique. En pefant exactement le réſidu & en déduiſant l'acide nitrique employé, on verra combien elle avoit contenu de ce gaz. Les autres 5 grammes (1 gros 22 grains) on les mêle dans le creufet d'argent, placé fur le fourneau portatif, avec 15 grammes (4 gros environ) d'alcali cauſtique, que l'on délaie avec 30 grammes d'eau diſtillée , en remuant bien le mélange avec la fpatule, pour que l'al-cali fe trouve partout en contact avec les particules du terreau. On allume la mèche de la lampe à l'efprit-de-vin, & l'on fait bouillir le mélange, en le remuant fouvent , jufqu'à ce que l'évaporation foit pouſſée au point que la maſſe reſte à peu près féche.

Si alors la matière offre partout la même apparence, l'on éteint la lampe & laiſſe refroidir le creufet ; mais s'il femble que le mélange n'eſt

pas assez uniforme, l'on y ajoute encore la
même quantité d'eau distillée , & on fait continuer de même l'évaporation jusqu'à siccité. Lorsqu'enfin le mélange est égal , on le refroidit
& l'on place le creuset dans une écuelle de
porcelaine pour l'y couvrir d'eau , afin d'en
détacher la matière soumise à l'opération ;
lorsqu'elle est parfaitement libre , on retire le
creuset , & l'on ajoute au mélange ainsi délayé
une égale quantité d'acide muriatique , que
l'on augmente, s'il est nécessaire , pour précipiter & dissoudre parfaitement toute la matière
sortie du creuset.

Dès que la dissolution est complète, on la laisse
évaporer doucement en plaçant l'écuelle de porcelaine qui la contient sur un bain de sable , & en la
remuant bien avec un pilon de verre , surtout lorsqu'elle commence à se prendre en gelée , & jusqu'à ce qu'elle soit réduite en une poudre presque sèche. Alors on la délaie de nouveau d'une
quantité suffisante d'eau pure , pour former du
tout un liquide que l'on peut filtrer à travers
du papier brouillard dans un autre vase de porcelaine ou de verre , après avoir fait chauffer
un peu le mélange. Le fluide ayant passé, l'on
trouve sur le filtre une poussière blanchâtre ,
que l'on ramasse & lave encore à plusieurs reprises ; on le fait ensuite sécher entre du papier sur un poêle. L'on trouvera une poudre

blanche, grenue, aride, qui ne s'attache point aux
doigts, & n'excite aucune saveur sur la langue. Elle ne se dissout point dans l'eau-forte ni
dans aucun autre acide, & n'y donne pas même
des marques d'effervescence. Au chalumeau elle
est infusible, si on l'y soumet seule ; mais, mêlée avec de la soude, elle se fond en verre très-
limpide. C'est là le caractère de la *Silice* des
chimistes modernes, la même qui forme les
cristaux de roche, les agathes, les cailloux, les
jaspes, & qui entre pour beaucoup dans la
composition des principales masses solides du globe.

Mais si l'on pèse la silice obtenue, l'on s'ap-
perçoit qu'elle ne faisoit qu'une petite portion du
terreau mis dans le creuset ; qu'est donc devenu le
reste ? Il faudra le chercher dans le liquide qui
avoit passé à travers le filtre, & qu'on avoit
recueilli dans le vase de porcelaine. On soumet
donc ce liquide à une nouvelle évaporation jusqu'à ce qu'il n'en reste plus qu'environ un de-
mi-litre (demi-pinte), & le traite avec l'acide
sulfurique délayé ou l'huile de vitriol jusqu'à ce
que le mélange ne produise plus d'effervescence.
On le fait encore évaporer cette fois jusqu'à
siccité, pour faire sortir l'excès d'acide, s'il y en
a, & l'on délaie de nouveau la matière avec un
peu d'eau distillée. On y trouve une petite masse
solide & insoluble, qui est de la chaux sulfatée
ou du gyps. Pour en séparer le soufre, on la fait

chauffer fortement dans un creufet de grès, jufqu'à
ce qu'elle ait perdu environ fix dixièmes de fon
poids. Alors tout le foufre eft évaporé, & ce
qui refte eft de la *chaux* pure, dont le volume
furpaffe de beaucoup celui de la filice obtenue. On
pèfe la chaux, pour comparer fon poids à celui de la
filice, & l'on trouve, qu'après avoir additionné
ces deux quantités, il manque encore quelque
chofe au poids du terreau. Ainfi l'on doit continuer les recherches.

A cet effet, l'on étend le liquide reftant
d'affez d'eau pour le rendre de nouveau parfaitement liquide, l'on y ajoute autant d'acide
muriatique, & l'on y verfe une diffolution de
potaffe bien faturée d'acide carbonique, réactif
qui fait précipiter au fond une poudre couleur
d'orange, qui eft un *oxide de fer*.

Après avoir lavé & féché ce dernier produit,
on le pèfe & additionne fon poids avec celle de
la filice & de la chaux obtenues précédemment;
l'on verra que l'on n'eft pas loin du compte, &
qu'en y ajoutant la valeur du gaz dégagé dans la
première effervefcence avec l'eau-forte, l'on
aura à peu près le poids entier du terreau foumis à l'effai, de forte que l'analyfe eft achevée.

Si l'on veut connoître exactement la nature de
ce gaz, l'on peut le recueillir, pendant l'effervefcence, dans une veffie comprimée &
vide d'air, d'où on le fait paffer, par un tuyau

courbe de verre, fous le récipient rempli d'eau
de la cuvelle pneumato - chimique, dont il
chaffe l'eau pour en occuper la place. Lorfque
tout ce gaz eft entré dans le récipient, l'on
y introduit par le même moyen de la chaux
cauftique délayée d'eau. L'on voit auffitôt le gaz
diminuer & l'eau remonter dans le récipient.
Ce gaz, que la chaux abforbe, ne peut être que
de l'*acide carbonique*, le feul attiré auffi puiffam-
ment par cette fubftance. Une très-petite quantité
qui refte dans le haut du récipient, & fur lequel l'eau de chaux n'exerce aucune attraction,
eft du gaz inflammable ou *hydrogène*; ce dont on
peut fe convaincre en le retirant du récipient par
le moyen d'un tuyau de verre courbé, attaché à
une pompe afpirante ou feringue, & en le paffant
dans le piftolet de *Volta*, pour l'effayer à l'étincelle électrique.

En rangeant ainfi les parties conftituantes du
terreau d'après la quantité pour laquelle chacune
y entre, l'on mettra la *Chaux* à la première
place, enfuite *le Gaz acide carbonique avec une légère portion de Gaz hydrogène*, *enfin la Silice, &
l'Oxide de fer*. Ces proportions générales font
conftantes, mais les quantités exactes varient un
peu d'après les localités, de forte qu'il eft im-
poffible de les indiquer plus précifément.

Toujours eft-il avéré que, pour donner au
terreau une dénomination analogue à fon con-

tenu, d'après la nomenclature chimique, il faudra le nommer *Chaux carbonatée siliceuse ferrifère*.

Les variations ont donné lieu à établir plusieurs espèces dans le genre *terreau*; les principales sont les suivantes :

Terreau des champs (1). Noir lorsqu'il est humide, & cendré lorsqu'il est sec; consistance pulvérulente. Il est le produit de la putréfaction des végétaux dans les potagers, champs à grains & prairies, & favorise ensuite leur reproduction.

On le trouve le plus pur immédiatement au-dessous des racines du gazon. Appliqué frais sur la morsure des vipères, des scorpions & des araignées, il soutire l'acide qui en fait le venin, & suffit souvent pour la guérison. Dans tous les cas, il arrête le progrès du mal, en attendant les secours de l'art.

Terreau des marais (2). Noir & si léger qu'il

---

(1) *Humus ruralis* de Linné. Il est utile d'indiquer ici une synonymie, trop peu connue en France, mais qui, surtout d'après l'édition de *Gmelin*, sert toujours de point de ralliement aux minéralogues de l'Allemagne & du Nord. Ceux qui savent estimer les travaux du célèbre *Werner*, ne doivent pas ignorer que *Gmelin*, reconnu lui-même pour un des meilleurs minéralogues de nos jours, s'est servi de toutes les découvertes de Werner & les principaux élèves, & qu'il ne diffère d'eux que par une méthode plus simple, qui est celle de Linné.

(2) *Humus lutum*. L.

reſto long-temps ſuſpendu dans l'eau lorſqu'il a été troublé. Il doit ſon origine aux végétaux aquatiques, & à leur putréfaction lente ſous l'eau. Fangeux & gluant, il ſe colle aux germes des végétaux, pour les étouffer, à moins qu'on ne le diviſe, en le mêlant avec du ſable.

Le *Terreau des bruyères* (1). Farineux lorſqu'il eſt ſec, retenant peu l'humidité, moins riche en chaux que les autres eſpèces, & peu favorable à la végétation. En le mêlant avec le terreau des marais, l'on corrige l'un & l'autre.

Le *Terreau des montagnes* (2) eſt brun & d'un grain moins fin que les autres. Il prédomine ſur eux par la ſilice.

Le *Terreau ferrugineux* (3) contient plus d'ochre ou oxide de fer que les autres eſpèces. La couleur varie en jaune, en rouge & en noir. Il habite le plus ſouvent les endroits humides ; ſurtout la dernière variété, qui ſert aux payſans du Nord à teindre la laine en noir pour leurs draps communs.

Le *Terreau fermentant* (4) ſe gonfle par l'abſorption de l'eau, & déracine les plantes nouvelles ;

---

(1) *Humus pauperata.* L.
(2) *Humus alpina.* L.
(3) *Humus martialis.* L.
(4) *Humus effervescens.* L.

ce qui le rend peu propre à la culture. Il abonde trop en chaux, & pourra être corrigé par le mélange d'un gros fable.

Le *Terreau des couches* (1) eft de couleur brune. C'eft le produit artificiel de la putréfaction du fumier. Il eft fi délié qu'il paffe avec l'eau à travers du filtre & du papier gris. Il contient plus d'air inflammable ou d'hydrogène que les autres efpéces, & pouffe auffi plus fortement la végétation.

Le *Terreau défanimé* (2), provenant de la décompofition fpontanée des matières animales, eft une pouffière blanche ou cendrée, légère & d'une fineffe prefqu'impalpable, contenant fouvent un peu de phofphore, par le phofphate de chaux des offemens, & donnant par-là naiffance aux feux folets. Il s'imbibe avidement d'eau. C'eft lui qui fertilife, pour des fiècles, les champs de batailles & de fépulture. La chaîne fecrète des êtres fait, de la deftruction, une nouvelle fource d'abondance ; ce qui fe manifefte encore dans les genres fuivans.

La MARNE (3) qui fe rencontre difpofée en couches dans les terrains fecondaires, ou formées par les dépofitions des eaux, fait efferveffence

---

(1) *Humus dædalea.* L.
(2) *Humus animalis.* L.
(3) *Marga.* L.

avec l'*Acide nitrique* , & s'y diffout en partie.
Le reftant n'eft point rude & fec au toucher &
ne fond point en verre au chalumeau par le mélange des alcalis. Il faut donc que ce foit une
matière différente de la *Silice* que nous avons
trouvée dans le *Terreau*. L'analyfe peut feule nous
éclairer fur la nature de cette nouvelle fubftance.

Après avoir traité la marne par l'*Alcali cauftique* de la manière décrite ci-deffus pour l'analyfe du *Terreau*, jufqu'à la filtration qui avoit
féparé la *Silice*, on peut fe convaincre parfaitement que cette fubftance ne fe trouve pas dans
le mélange , puifqu'il n'en refte rien fur le filtre ,
& que la diffolution eft paffée toute entière.

On fait donc évaporer encore ce liquide jufqu'à ce qu'il n'en refte qu'environ un demi litre
(demi-pinte); l'on y verfe alors une diffolution de *Carbonate de potaffe* (potaffe ordinaire
du commerce), & l'on fait bouillir de nouveau
le mélange pendant un quart-d'heure , afin de le
rendre plus égal ; après quoi on le laiffe refroidir & dépofer la précipitation des matières terreufes qu'il contient , faifant écouler le liquide ,
que l'on remplace par de l'eau pure , & verfant
ce nouveau mélange fur un filtre , pour faire
bien égoutter la matière. Auffitôt qu'elle aura
pris un peu de confiftance , on la recueille avec
foin , & la fait bouillir de nouveau dans un
vafe de faïence avec une diffolution de potaffe

caustique. Après avoir laissé un peu refroidir ce liquide, on y mêle du carbonate d'ammoniaque (alcali volatil concret de la pharmacie) suffisamment pour y opérer une précipitation complète, qui se fait en flocons blancs, que l'on ramasse en filtrant la liqueur, & les fait sécher. L'on trouvera une substance blanchâtre, s'agglutinant & difficile à réduire en poudre, douce au toucher, *happant* ou adhérant à la langue; c'est l'*Alumine* de la chimie; par le mélange du sulfate de potasse (sel polychreste de la pharmacie), elle se crystallise en octaèdre, & forme le *Sulfate alcalin d'alumine*, ou l'alun du commerce.

On y met encore de l'eau & de l'acide sulfurique, délayé pour la séparation de la chaux, & l'on ajoute au liquide restant une égale quantité d'acide muriatique, & ensuite une dissolution de *Carbonate de potasse*, autant qu'il s'y fera une précipitation jaune orange ou d'*Oxide de fer*.

Le poids de tous ces produits se trouvant à peu près le même que celui de la matière soumise à l'examen, l'on en juge que l'opération est achevée, & que la marne est une *Chaux carbonatée alumineuse ferrifère*.

Ce genre renferme les espèces suivantes:

La *Marne terreuse* (1) est maigre & un peu rude au toucher, lamelleuse lorsqu'elle est sèche, & se réduit facilement en poudre, même par l'action seule de l'air. Sa couleur est d'un gris

___

(1) *Marga terrea.* L.

pâle,

pâle, tirant quelquefois sur le jaune & sur le blanc.

Cette Marne est très-favorable à la végétation, en ce qu'elle ne durcit jamais assez pour gêner les racines des plantes, & qu'elle absorbe l'humidité superflue. Il y en a une variété micacée & une autre mêlée de sable qui, par le mélange siliceux, fondent facilement au feu, & servent de vernis aux ouvrages de poterie. Une autre variété plus pure & dans laquelle l'argile prédomine, se distingue par un grain plus fin, presque douce au toucher & d'une couleur plus blanche ; elle sert à purifier le sucre, & à dégraisser des étoffes de laine. Elle s'emploie aussi dans la fabrication de pipes à fumer & de la faïance.

Marne durcie (1) est d'une consistance pierreuse à grain fin & compacte, qui s'emploie aux bâtimens comme la pierre de taille. Elle est quelquefois remplie de paillettes luisantes, ce qui forme cette variété connue en Italie sous le nom de *Macigno* & *de Pietra di Torre.* Réduite en poussière, elle peut servir à la fertilisation des campagnes comme la première espèce. On voit dans les anciens auteurs que les Romains l'y employoient beaucoup. Il y en a de vastes carrières près de Jodoigne, que l'on croit avoir été exploitées

---

(1) *Marga schistosa.* L.

B

pour cet ufage, & dont les voûtes fouterraines ont fervi de magafin à grains.

La *Marne fphéroïdale cloifonnée de Haüy* (1) paroît avoir, en féchant, fubi des retraits, dont les crevaffes l'ont divifée en prifmes de différentes formes, mais le plus fouvent à cinq côtes ; les interftices fe font remplies poftérieurement d'une efflorefcence calcaire, le plus fouvent cryftallifée, & quelquefois faillante au-deffus de la furface de l'ancienne pierre. Cette efpéce, connue fous le nom de *Ludus Helmontii*, fe rencontre fouvent dans les environs d'Anvers, & même près de Vilvorde, à deux lieues de Bruxelles.

La Craie (2) fe rencontre fouvent immédiatement au-deffous du terreau, furtout dans la Belgique & dans une partie de la France & de l'Angleterre. Elle eft ordinairement blanche, d'une confiftance friable & fouvent tachante, quoique féche au toucher. Elle fait effervefcence avec l'acide nitrique, & s'y diffout prefqu'en totalité, ce qui indique fuffifamment fa nature de chaux carbonatée, fans avoir recours à d'autre analyfe. Mais fi l'on veut favoir exactement combien elle contient de chaux & d'acide carbonique, on la péfe & on l'expofe après à l'action d'un feu de

---

(1) *Marga porofa.* L.
(2) *Creta.* L. Chaux carbonatée terreufe de *Haüy.*

forge dans un creuſet fermé à l'accès de l'air. En la retirant on la pèſe de nouveau, & la diminution du poids indique la proportion de l'acide carbonique ; le reſtant eſt de la chaux.

La *Craie* pèſe à peu près deux fois & demie ſon volume d'eau pure.

L'eſpèce la plus connue eſt la *Craie compacte des boutiques* (1). C'eſt la plus ſolide de toutes, mais cependant très-tachante, & ſe caſſant facilement en morceaux indéterminés. Elle forme des montagnes entières ſur les deux rives de la Manche, & ſe rencontre en plus petites maſſes dans le reſte de l'Europe. Dans la Belgique, on l'exploite entre Namur & Mons, route de Beaumont, & ailleurs. Partout elle trahit ſon origine par des mélanges de coquillages & autres corps marins foſſiles, cependant moins que l'eſpèce ſuivante.

Craie teſtacée (2), compoſée entièrement de débris de coquillages plus ou moins reconnoiſſables, formant une maſſe rude au toucher & peu tachante. Elle ſe rencontre ſouvent loin de la mer : comme à *Stalle* près de *Bruxelles*, à *Gand* hors de la porte de *Courtray*, & ailleurs. Réduite en poudre, elle occupe de vaſtes ter-

____

(1) *Creta ſcriptoria.* L.
(2) *Creta teſtacea.* L.

raine en Angleterre & en Italie, furtout dans les environs de Rome. Elle couvre prefque toujours un lit de *Craie compacte*, qui n'en eft peut-être qu'une decompofition plus complète & devenue plus folide par la preffion non interrompue de fon propre poids & des maffes de terre environnantes.

Lorfque, détachée des bancs du rivage, elle a été roulée par les vagues de la mer, elle fe réduit en petits grains d'un blanc luifant (1), telle que les voyageurs l'ont trouvée dans l'île de l'Afcenfion, où les tortues y dépofent leurs œufs, pour les faire éclore aux rayons du foleil.

Craie coquillère (2), formée de coquilles foffiles auffi petites que des grains de fable, avec affez de cohérence entre elles & ne tachant pas les doigts. Cette efpèce fe trouve dans les environs de Bruxelles, hors la porte de Hal.

Il eft à obferver qu'ici les *Lenticulaires* (3) prédominent; mais une variété, de confiftance beaucoup plus friable & que l'on pourroit appeler *fable* de coquilles, abonde près d'*Alzey* dans le Palatinat fur le Rhin. Elle fe rencontre auffi ailleurs, furtout dans le voifinage de la mer.

Toutes les efpèces de *Craie* tirent vifiblement leur origine des débris de coquilles & d'autres

---

(1) *Creta granulata.* L.
(2) *Creta conchacea.* L.
(3) Variété du *Helmintolithus ammonites.* L.

habitans des eaux. Leur nature calcaire les rend propres à fertiliser les terrains trop humides & froids. Par un petit mélange de sable & de fumier, elles peuvent être changées en un excellent terreau. La craie une fois dissoute dans l'eau, & se déposant par une filtration successive, conserve toujours un peu d'eau dans sa recomposition, & acquiert par-là quelques caractères nouveaux.

L'on appelle STALACTITE une précipitation de cette nature, suspendue à l'air dans les grottes & cavités souterraines surmontées d'une couche de craie. Les stalactites sont en couches concentriques, qui se détachent sous le marteau. Quoique tous formés par l'eau descendant goutte à goutte & laissant après son évaporation une légère feuille calcaire à laquelle d'autres succèdent dans une suite imperceptible, ils diffèrent tant par la forme que par la pureté de la matière.

Parmi ceux à forme de glaçons, il y en a d'opaques (1), qui sont les plus communs, & dont on peut voir des formations très - récentes suspendues aux voûtes de la grotte de *Laeken* près de Bruxelles, & presque dans toutes les cavités souterraines semblables.

Il y en a aussi de *translucides* (2) formés d'une matière plus épurée ; cette variété est plus rare ; on la rencontre cependant aussi dans la Belgique

______

(1) *Stalactites stiria.* L.
(2) *Stalactites spatosus.* L.

près de *Judoigne*, & en Normandie près de *Rouen*
& ailleurs. Mais la variété la plus précieuse est
celle connue sous le nom d'*albatre calcaire* (1), qui
est d'une nature plus compacte, translucide, susceptible d'un beau poli & formant des masses assez
grandes pour être travaillées en statues, vases
& ornemens d'architecture.

C'est de la dégradation des stalactites communs
que provient la *Farine fossile* (2), & l'*Ecume de
terre* (3) ou l'*Agaric minéral*, dont le *Lait des
montagnes* n'est qu'une variété liquide ; on les
trouve chariés par les eaux pluviales dans les cavités basses des montagnes de craie.

Le STALAGMITE (4) est une solution de craie
précipitée & consolidée sous l'eau en une croûte
inégale & poreuse.

Il y en a de plusieurs espèces. Le stalagmite plus
commun est celui qui se dépose au fond des eaux
qui ont passé par des montagnes ou couches de
craie. On en trouve dans le bassin de la cascade
de *Laeken* près de Bruxelles, & en beaucoup
d'autres endroits.

Il sert à la fabrication de chaux, & lorsqu'il est d'une certaine épaisseur, il entre même
comme pierre de taille dans les bâtimens. La fa-
meuse église de *St. Pierre*, à Rome, est construite

---

(1) *Stalactites solidus.* L.
(2) *Creta farinacea.* L.
(3) *Creta squamosa.* L. *Schaum-erde.* Werner.
(4) *Tophus.* L.

en pierre de cette nature. Les peintres en mofaï-
que en Italie l'emploient fous le nom de *pietra tra-
vertina*, pour fervir de fond à leurs tableaux.

Je ne crois pas que l'on puiffe regarder comme
d'un genre diftinct l'*incruftation* (1) qui fe forme
fous l'eau fur des racines d'arbres, des brins
d'herbes & autres corps. Elle eft de même nature
que le ftalagmite commun. On en voit auffi des
échantillons dans les cafcades de *Lacken*, &
prefque partout dans les eaux imprégnées de craie.

L'art eft même parvenu à imiter ces ouvrages
de la nature, comme on l'a vu dans la fabrique
d'incruftation de M. *Vegni*, aux bains de Saint-
Philippe en Tofcane.

L'*Oftéocolle des anciens* (2) n'eft qu'une incruftation naturelle, dont le noyau végétal a été
confumé par la putréfaction, & a laiffé fa place
vide, de forte que la croûte repréfente un os
perforé dans fa longueur. Ce n'eft que cette reffemblance qui l'avoit fait employer en chirurgie
dans les fractures des os. Comme ces concrétions
font d'ancienne date, les parties groffières ont
été décompofées, & il n'en refte qu'une croûte
fpongieufe & inégale, mais dont la blancheur
indique l'état de dépuration.

Le *Stalagmite des bains chauds* (3), qui remplit

____

(1) *Tophus incruftans.* L.
(2) *Tophus oftéocolla.* L.
(3) *Tophus thermalis.* L.

les bassins & lés conduits de ces sortes de sources ;
est d'une consistance grenue, compacte, & quelquefois susceptible de poli. Sa couleur est le plus
souvent blanche, mais quelquefois variée de nuances très-agréables.

Le *Stalagmite des bouloires* (1), déposé par l'eau
bouillante, prouve que l'eau distillée contient toujours un peu de craie en état de dissolution dans
l'acide carbonique, & lorsque cet acide s'évapore
dans la coction, la craie se précipite & s'accumule sur le fond & les parois du vase. L'eau de
source en dépose toujours beaucoup plus que l'eau
de pluie.

L'on voit quelquefois une pellicule blanchâtre
ou irisée sur les eaux minérales & thermales que
l'on peut nommer *stalagmite-crême* (2) ; si on la
recueille & la laisse sécher, elle se divise en
écailles minces & transparentes, qui, réduites en
poudre, se comportent comme une craie très-fine.

Quelques auteurs rangent encore parmi les
stalagmites des masses de fragmens de coquilles
agglutinés (3), que l'on trouve dans quelques
lacs & rivières de France & d'Allemagne ; mais
c'est là plutôt une craie à moitié formée qu'une
craie dissoute & précipitée au fond des eaux.

L'on devroit plutôt avec *Wallerius* joindre aux

---

(1) *Tophus lebetum.* L.
(2) *Tophus cremor.* L.
(3) *Tophus testaceus.* Gmelin.

ſtalagmites une *concrétion fibreuſe* (1) de craie ; qui ſe rencontre tantôt dans les eaux thermales, tantôt dans les mines.

Il y en a qui conſiſtent en fibres parallèles (2) ; d'autres en fibres entrelacées (3), enfin d'autres en fibres divergentes comme les rayons d'une étoile (4). Parmi ces derniers, l'on diſtingue le *Coralloïte* de *Wallerius* (5), formé en branche comme un petit arbuſte blanchâtre, & qui accompagne ſouvent les mines de fer, quoiqu'il ne contienne rien de ce métal.

Toutes ces concrétions ſe rencontrent aſſez fréquemment en Allemagne & dans le Nord.

Linné avoit encore ajouté aux ſtalagmites une concrétion globuleuſe de la grandeur d'un pois (6), formé par couches concentriques de craie autour d'un grain de ſable. On l'avoit d'abord trouvé dans les eaux thermales de *Carlsbad* (7) en Bohême ; mais depuis on en a découvert des couches très étendues, non ſeulement en Bohême, mais auſſi en Hongrie & ailleurs.

Haüy réunit ſous le nom de chaux carbonatée globuliforme cette concrétion à une quantité d'au-

---

(1) *Inolithus*. L.
(2) *Inolithus filamentoſus*. L.
(3) *Inolithus aceroſus*. L.
(4) *Inolithus ſtellaris*. L.
(5) *Inolithus flos ferri*. L.
(6) *Piſolitus*. Gmelin.
(7) *Piſolitus carolinus*. Gm.

tres de différentes grandeurs, diflinguées par les anciens minéralogiftes par les noms d'*oolites*, *cenchrites*, *miconites*, fuivant qu'ils reffembloient à des œufs de poiffon, à des grains de millet, ou de pavot. Les Allemands en féparent le *pifolithe* ou pierre de pois, parce qu'il eft fouvent ifolé ou feulement réuni en grappe, au lieu que les autres font originairement partie d'un MARBRE (1) ou *Pierre calcaire coloree*, & plus compacte que la craie. Cette efpèce de marbre (2), d'une couleur grife foncée, fe divife fous le marteau en petits grains arrondis, mais qui ne fe rencontrent prefque jamais ainfi féparés dans la nature. Ce marbre fe trouve en France, en Suiffe, en Allemagne & en Suède, mais j'ignore s'il fe rencontre dans la Belgique.

On voit dans les vaftes chaînes de montagnes qui forment, pour ainfi dire, le fquelette de notre globe, des couches très-étendues d'une efpèce de marbre d'une couleur à peu près femblable, mais dont la confiftance, quoique grenue (3), eft formée de grains anguleux, ce qui le diftingue de la première efpèce, & qui n'offre prefque jamais des veftiges de coquillage, en quoi il diffère encore de la plupart des autres.

Il n'en faut cependant pas conclure que cette

---

(1) *Marmor.* L.
(2) *Marmor hammites.* L.
(3) *Marmor granulare.* L.

espèce ne doive , comme les autres , son origine à la craie , sortie des débris des coquilles ,
mais seulement que sa formation remonte à une
époque beaucoup plus éloignée , & que leur
décomposition plus complète est due à des révolutions physiques qu'elles ont subi avec la terre
entière.

Il en est peut-être de même du *Marbre grenu
blanc* (1) de *Paros* & de *Carrare* , si célèbre par
les chefs - d'œuvre de sculpture qu'il nous a
transmis de l'ancienne Grèce & de Rome , &
que le génie des arts, planant aujourd'hui sur la
France, renouvelle souvent sous nos yeux.

Le marbre de Carrare n'est jamais d'un blanc
pur ; il est légèrement veiné d'un gris foncé , provenant d'une infiltration d'oxide de manganèse.

Les nuances variées des marbres colorés (2)
pourront sans doute aussi être attribuées à des
oxides métalliques , particuliérement à ceux du
fer , qui sont les plus répandus dans la nature. Il
faut cependant avouer, que le fer y entre pour
si peu de chose , qu'il échappe le plus souvent à
l'analyse ; ce qui a fait penser , que ces couleurs
pourroient souvent n'avoir d'autre cause que les
coquilles colorées dont la pierre est formée. Cette
espèce de marbre est susceptible d'un beau poli.

____

(1) *Marmor micans.* L. Chaux carbonatée lacharoïde
de Haüy.

(2) *Marmor nobile.* L.

Quoique les environs de Bruxelles manquent de carrières de cette nature, on y peut voir des échantillons de tous les marbres de la Belgique, dans les pièces de cheminées & autres ornemens des maisons de cette belle ville. On les trouve aussi rassemblés & marqués de leurs noms, dans l'étoile du pavé de la rotonde devant la bibliothèque de l'école centrale, ci-devant le palais des gouverneurs des Pays-Bas.

En voici un apperçu:

Marbre d'AGIMONT, *près de Namur.* Rouge-brun, mêlé de gris, avec de grosses veines blanches.

Marbre de STE.-ANNE, *près de Mons.* Gris-bleuâtre, avec des veines & striures blanches. Ce marbre a l'avantage de résister au feu.

Marbre d'AVESNES-LE-SEIGLE, *près de Valenciennes.* Belle pierre statuaire blanche, qui a la qualité d'être facile à travailler & de durcir ensuite à l'air.

Marbre de BOUSTOMBE. Bleu pâle, rougeâtre, à gros nuages blancs.

Marbre de BRAY, *près de Rœule, département de Jemmappes.* Gris foncé, mêlé de blanc.

Marbre de CLERMONT, *près de Walcourt, Sam-*

bre &-*Meuse*. Gris-pâle, avec de grosses taches blanches.

Marbre de Devignes Gris-pâle, nuancé de gris foncé, avec quelques taches blanches.

Marbre de Dinant. Noir-uni, le plus beau de l'Europe, & le plus facile à travailler. On en a vu la preuve dans les arabesques en relief de l'église de St.-Vaudru, à Mons.

Marbre de Doulaive. Brèche calcaire à fond gris-rougeâtre, incrustée de fragmens gris de nuances & grandeurs différentes.

*Marbre d'*Estrés, *près de Namur.* Mélange de gris-bleu & de gris-pâle, avec des veines blanchâtres.

Marbre de Franchimont, *près de Florenne,* *Sambre & Meuse.* Pâle-rouge & pâle-bleu, veiné de blanc.

Marbre de Fierr-le-Petit, *entre Mons &* *Namur.* Blanc, grené de jaune & de gris.

Marbre de Gerfontaine. Rouge-pâle, nuancé de bleu, avec de grosses veines blanches.

Marbre de Gochenée, *près de Florenne;* *Sambre & Meuse.* Gris-pâle, rougeâtre, ondoyé de blanc à égales portions.

Marbre de GROSCHOEX. Gris foncé, nuancé de gris-pâle, à petites veines blanches.

Marbre de HAINE, *près de Charleroy*. Pâle-bleu & pâle rouge, en nuages, avec de grosses taches blanches.

Marbre de LORRAINE. Gris bleu, un peu veiné de gris & de blanc.

Marbre de LIMBURG. Brun, grené de blanc, en forme de petites belemnites.

Marbre de MOUENISE. Grisâtre & blanc nuancé, pâte crevassée naturellement.

*Marbre d'*OURDIN, *près de Valenciennes*. Pierre blanche pour des statues & ornemens d'architecture. C'est elle qui a été employée au château de *Laeken*.

Marbre de PROAGNE. Gris-bleuâtre, à grosses taches blanches.

Marbre de RASCE, *près de Beaumont, département de Jemmappes*. Couleur rougeâtre, différemment veinée ; servant aux pièces de cheminée.

Marbre de ST.-REMI, *près de Luxembourg*. Rouge, veiné de brun, vert & bleu, un des plus beaux de l'Europe. Il est quelquefois marqué de mytiles & d'autres coquillages.

Marbre de RENLX. Rouge & gris en gros nuages, avec des veines & taches blanches.

Marbre de ROYALES. Gris - nuancé , avec des veines blanches.

Marbre de ROY-SOLER, *Marche, Sambre Meuse.* Gris-pâle, strié de blanc en zig zag.

Marbre de SOLRÉ. Bleu-gris , très - veiné de blanc.

Marbre de SOLRÉ *bis.* Fond gris - bleu , avec des fragmens épars de petites coquilles blanchâtres.

Marbre de SOMME. Gris - nuancé , avec quelques veines blanches ; pâle crevassée naturellement.

Marbre de STRÉE, *près de Thuin , Jemmappes.* Gris-veiné, à taches blanchâtres.

Marbre de THEUX , *près de Spa.* Fond d'un beau noir avec de petits points gris. Grain fin de très beau poli. Odeur un peu sulfureuse par le frottement.

Marbre de TUBILLÉ, *près de Thuin , Jemmappes.* Gris-foncé , veiné de blanc & marqué de fragmens de coquilles.

Marbre de VAUSART. Pâle - bleu , nuancé de pâle - rouge & strié de blanc.

Marbre de Zonne-Blat. Gris foncé avec de petits nuages mêlés de gris & de blanc.

Les variétés étrangères les plus remarquables sont :

Le *Marbre noir & blanc d'Italie*, ou le *Paragon des statuaires*, employé le plus souvent aux monumens sépulcraux. Il est originaire d'Egypte.

Le *Marbre turquin*, Bleu, avec des veines légères, noirâtres.

Le *Marbre Cipolin* est blanc, veiné de vert, avec des paillettes brillantes. On en trouve en Afrique & dans le Dauphiné.

Le *Marbre de Kolmarden*, en Suède, est d'un beau vert, veiné de blanc & de noir.

Le *Marbre commun de Gottlande*, plus connu sous le nom de *Pierre de Suède*, est d'un rouge-brun, grené de rouge blanchâtre, marqué de débris de serpules & de belemnites, avec un aspect de *porphyre* grossier.

Le *Marbre de Florence*, ou marbre ruiniforme de Haüy, jaune avec des dessins de fortifications & de ruines en couleur brune ; quelquefois aussi avec des figures d'arbres noirâtres ; mélangé d'un peu d'argile, & d'ochre de fer.

Le *Marbre cervelas*, d'un fond gris-obscur, avec des veines blanches & des taches rougeâtres.

Le *Marbre Lumaquelle*, gris, jaune & noir, composé d'un amas de coquilles, unies par un ciment formé de leurs débris. Sa coupe présente les segmens de coquilles en différentes positions.

Nous avons vu que cette variété se trouve aussi dans la Belgique, mais la Carinthie en fournit une sorte particulière, connue sous le nom de *Lumaquelle Opalin*, dont le fond est opaque, noirâtre, & les sections de coquilles translucides & irisées comme une opale.

Le *Marbre tacheté* ou *Brocatelle* est particulier à l'Espagne. Il réunit les couleurs jaune, rouge, grise & blanche.

Le *Marbre Breche de la Vieille - Castille* est composé de fragmens de marbre, réunis par un ciment de la même nature. Les couleurs qu'il rassemble sont le blanc, le jaune, le rouge, le gris & le noir.

Le *Marbre élastique* (1) avoit été regardé par quelques-uns comme une espèce à part, jusqu'à ce que Fleuriau eut découvert qu'on peut donner à tout marbre grenu, scié en plaques minces, la qualité de se laisser un peu plier & de reprendre la ligne droite, seulement en le chauffant bien avant l'expérience.

Saussure & *Haüy* ont distingué, sous le nom de *Dolomie* (2), un marbre grenu & élastique, ne

---

(1) Variété du *Marmor micans*. L.
(2) *Marmor tardum*. L.

donnant presque point d'effervescence avec les
acides, & ne s'y dissolvant que très-lentement,
sans doute à cause d'un mélange de *Magnésie*,
qui, s'unissant aussitôt à l'acide, affoiblit son action : cette variété se rencontre au *Mont St. Gothard* des Alpes, & dans quelques monumens anciens de Rome. Elle est d'un grain plus fin que tout
autre marbre, & offre presque l'apparence d'un *grès*.

La France possède des carrières nombreuses de
marbres qui mériteroient une description particulière.

Tous les marbres se réduisent en chaux vive
par l'action du feu ; mais comme on peut en
tirer meilleur parti en sculptures & en bâtimens, l'on ne brûle que les marbres grossiers, de
couleurs désagréables à la vue, & que l'on désigne sous le nom de *Pierre à chaux* (1).

La meilleure que nous ayons dans la Belgique
pour cet usage, est la *Pierre de Tournay*, d'une
couleur grise-noirâtre, grain très fin, consistance
feuilletée, souvent marquée d'empreintes de coquilles. On l'emploie aussi pour bâtir ; mais,
exposée à l'air, elle est de peu de durée : elle se
fendille en lames très minces, que l'on peut ar-
racher avec les doigts.

La *Pierre* dite *de Namur*, ou *Pierre bleue*, est
beaucoup préférable pour cet usage. Sa couleur

____

(1) *Marmor vulgatum.* L.

est moins foncée, son grain paroît plus gros, &
elle est parsemée d'écailles blanches luisantes, qui
sont cependant aussi de nature calcaire. L'effervescence que toutes ses particules font avec les acides
& l'odeur qu'elles exhalent lorsqu'on la travaille,
prouvent qu'elle approche d'une *Chaux carbonatée
bitumineuse* (1), contenant de l'hydrogène sulfuré,
d'après l'opinion très - judicieuse de *Vauquelin.*
Cette pierre, qui se taille facilement, & que
l'on peut avoir en aussi grandes masses que l'on
veut, a été beaucoup employée à Bruxelles.
On la voit dans les portes d'entrée du parc,
dans les vastes balustrades qui le bordent; dans
les colonnes & pilastres de l'église de Cauden-
berg, dans celles de l'école centrale ou la ci-
devant cour; dans celles de la préfecture, sans
parler d'un grand nombre de maisons particulières. C'est dommage qu'elle soit quelquefois mas-
quée de couleurs qui lui sont étrangères, & qui
lui donnent l'apparence d'un plâtre peint. Il y
a cependant des exemples qu'on a su en faire un
emploi mieux entendu. Dans une maison de campagne de la famille d'*Ursel,* à *Inghem* sur l'Escaut, vis à vis de *Ruppelmonde,* on voit un
pavillon dont l'intérieur est orné de colonnes,
avec leurs chapiteaux & corniches en *pierre bleue,*
le tout travaillé avec un soin qui donne à cette
décoration l'apparence du plus beau marbre. Des

-----

(1) *Suillus marmoreus.* L.

carrières abondantes de cette pierre se trouvent sur plusieurs points de la forêt de *Soignes*, près de Bruxelles ; à *Fellery*, près de Nivelles ; à *Chilly*, sur la route de Namur ; à *Clabbeck* & aux *Ecaussines*, sur la route de Mons ; sans parler de la grande exploitation qui s'en fait à *Cabretange*, près de Mons, & qui est généralement connue.

Il s'exploite aussi, près de Namur, une variété presque noire de chaux carbonatée bitumineuse, que l'on voit dans le pavé de la rotonde de la bibliothèque de l'école centrale, alternant avec le marbre blanchâtre de *Fiery-le-Petit*, déjà cité, sorte de pavement très-commun à Bruxelles. Ce dernier est aussi employé dans les pièces de cheminée de la même rotonde, mais avec peu d'effet. On peut le comparer, pour l'apparence, à la pierre de taille des carrières de Paris ; mais il a plus de dureté.

Une pierre noire, semblable à celle de Namur, se trouve aussi à *Bazeck*, département de l'Escaut. On voit dans les maisons de Gand beaucoup de pavemens de cette pierre, écartelée avec la *pierre blanche de Buleghem*, (à quatre lieues de Gand.) Quoique cette dernière soit remplie de coquilles fossiles, elle est d'un bel effet, & facile à travailler. Elle s'emploie préférablement à la *pierre de Dickelmenn*, (à trois lieues de Gand,) sorte de grès calcaire dur, mais qui cependant se fendille par la gelée, & n'est ainsi bon que pour les ouvrages souterrains.

La *Pierre de taille*, blanche, de la Belgique, employée dans les bâtimens de la place du Parc à Bruxelles, & dans toute la maçonnerie du château de *Laeken*, est tirée, pour la plupart, des carrières de *Grimbergh* & d'*Afflighem*. Elle est plus dure que la pierre de taille ordinaire. Soumise à l'action des acides, elle donne un ré- sidu d'environ un quart de fable, qui, traité par l'alcali caustique, de la manière indiquée ci-deffus pour le terreau, se trouve presque entière- ment formé de *filice*. C'est une forte de grès plus fin que le grès commun du pays, ou *chaux carbonatée siliceuse* (1) donnant des étin- celles au briquet & de l'effervescence avec l'a- cide nitrique, ou le grès qui fert à paver les rues & les chaussées, & dont il se fait une exportation confidérable en Hollande, pour la conftruction & la réparation des digues. Elle s'emploie auffi pour la maçonnerie des fouterrains des maifons de Bruxelles; mais comme elle est trop dure pour le cifeau, & ne peut guères être façonnée qu'au marteau, on s'en fert peu dans les bâtimens au jour, fi ce n'est dans les conf- tructions groffieres de la campagne. Ces exemples font auffi bien rares, & les payfans ne font guères autre ufage de cette pierre que d'en brûler de la chaux, comme on le voit à Waluwe- St.-Étienne, près de la chaussée de Louvain, & ailleurs dans les environs de Bruxelles.

---

(1) *Arenarius calcareus*, L.

Toutes ces variétés de grès ne se rencontrent jamais en couches continuées, mais seulement en moëllons irréguliers d'un à quatre ou cinq pieds de longueur sur moitié de largeur & épaisseur très variable. Ces concrétions se trouvent éparses à différentes profondeurs dans des bancs de sables, posés ordinairement sur un lit de tourbe, surmontés d'une couche de craie ou de coquillages décomposés. C'est la structure ordinaire du terrain de la Belgique, dont on voit des coupes fréquentes, surtout dans les environs de Bruxelles, pour l'extraction du grès & du sable.

Il est facile de se convaincre, que la formation des moëllons de grès est dû à une dissolution calcaire, infiltrée des couches supérieures, & servant de ciment pour les grains de sable, comme le mortier pour les briques d'une muraille. L'œil observateur suit aisément les traces de cette infiltration, surtout lorsqu'elle est colorée par l'oside de fer. *Haüy* nous apprend, d'après *Cordier*, que le *grès rhomboïdal de Fontainebleau* (1) s'est formé par une semblable infiltration dans une couche de sable moins dense, & dont les particules ont été enveloppées dans la crystallisation du fluide calcaire.

Dans la Belgique, les sables sont trop compactes, pour que ce phénomène puisse avoir lieu,

____

(1) *Arenarius crystallinus.* L.

mais l'on y obſerve un autre non moins curieux:
Partout où la ſolution calcaire eſt trop abondante
pour être également abſorbée , elle fond le ſable
de la même manière que le fait la potaſſe dans
la fabrication du verre ; & ce n'eſt pas ici le
ſeul exemple de l'action de la chaux comme un
alcali. La chaleur néceſſaire pour cette fuſion eſt
peut être le réſultat d'une *fermentation*, ſemblable
à celle qui occaſionne l'effloreſcence des pyrites ,
& dont l'effet , plus lent que celui du feu des
fournaiſes , n'en eſt pas moins manifeſte. Par cette
opération de la nature , la chaux s'unit au ſable , pour ne former enſuite qu'une même matière , donnant des étincelles au briquet , mais ne fai-
ſant plus d'efferveſcence avec les acides comme
dans le grès ordinaire ou dans l'état de ſimple agré-
gation. Cette nouvelle formation ſiliceuſe eſt communément d'une couleur bleuâtre, mais lorſqu'il arrive que le ciment eſt mêlé de quelqu'oxide , le flux
ſe colore en conſéquence , & prend l'aſpect d'une
ſorte de jaſpe. L'on voit beaucoup de ce grès
jaſpé dans le pavé des rues de Bruxelles. Il ſe
diſtingue autant par ſes couleurs , que par ſa
conſiſtance dure & ſon poli , qui le rendent très-
gliſſant.

L'on ne s'imagineroit jamais , que ce flux ſiliceux pût ſervir à augmenter la fécondité de la
terre. C'eſt cependant ce qui arrive , dans les
environs de Bruxelles , ſurtout avec la variété
commune bleuâtre. Comme elle eſt caſſante , &

moins propre aux conftructions de digues & de
chauffées que le grès commun, les payfans la
mettent de côté, entaffée de manière à la laiffer
expofée à l'action libre de l'air & de la pluie.
Peu à peu elle fe fendille en lames très-minces,
& après quelques années elle fe trouve réduite
en une pouffière fine très-blanche, faifant effervefcence avec l'acide nitrique & s'y diffolvant
prefqu'entiérement. C'eft une craie terreufe, fervant d'un excellent engrais pour les terrains
froids & les défrichemens des marais. Ce qu'il
y a d'étonnant, c'eft que l'on n'y retrouve plus
le fable filiceux, qui avoit cependant été une des
parties conftituantes de la première formation.
Elle a beaucoup de reffemblance avec la *Marne*,
& s'emploie au même ufage.

Le Spate calcaire (1) ou *Chaux carbonatée vitreufe* de la chimie, n'eft qu'une forte de
florefcence des grandes maffes calcaires, telles que
la Marne, la Pierre à chaux, le Marbre, dont
il garnit les crevaffes & cavités accidentelles. Il
eft le plus fouvent blanc, mais fa couleur varie
en différentes teintes plus ou moins blanchâtres
& plus ou moins éclatantes. Il s'en trouve d'opaque, de tranflucide & même de tranfparent.
Confiftance lamelleufe, caffure vitreufe en angles
rhomboïdaux. Sa dureté eft la même que celle

---

(1) *Spatum*. L.

du marbre. Sa pesanteur est à peu près deux fois
& demie celle de son volume d'eau , quelquefois un peu plus , quelquefois un peu moins.
Mais ce qui caractérise essentiellement ces crystaux , c'est qu'ils donnent de l'effervescence avec
l'acide nitrique , s'y dissolvent en entier & qu'ils
se réduisent en chaux vive blanchâtre par l'action du feu.

Dans la Belgique , les crystaux de cette nature
sont moins communs , quoiqu'on n'y manque
pas de carrières de marbre , de pierre à chaux &
d'autres masses calcaires , parsemées de *veines
spatiques* , le plus souvent blanches , mais aussi
quelquefois colorées , remplissant les anciennes
crevasses de la pierre , ou la couvrant en quelques
endroits comme une sorte d'exsudation , solidifiée
par le temps.

Cette espèce de Spate (1) est assez luisante ,
quelquefois même un peu irisée , mais sans transparence , & l'on n'y distingue d'autres formes que
des écailles irrégulières , à moins qu'il ne porte
quelquefois l'empreinte d'autres corps , qui se sont
décomposés par la suite des temps , & dont il
ne reste que la moule (2).

Lorsque la substance calcaire suinte dans une
cavité où elle peut prendre sans obstacle les formes qui conviennent le mieux à sa nature , elle

____

(1) *Spatum opacum.* L.
(2) *Spatum cellulosum.* L.

C

se crystallise en rhomboïdes, c'est à dire, à des angles alternativement aigus & obtus, jamais en angles droits. *Haüy* détermine le premier de ces angles à 78 degrés & demi; l'autre à 101 & demi. C'est, selon lui, *la forme primitive* de la chaux carbonatée crystallisée, composée de molécules intégrantes ou parties plus petites de la même conformation; & il se trouve que cette loi n'a que très-peu d'exceptions.

Les crystaux très-variés de ce genre se rangent naturellement sous trois divisions.

1. Les crystaux en *pyramide*, composés de plusieurs facettes triangulaires s'élevant obliquement & se réunissant en pointe.

2. Les crystaux en *prisme*, ou composés de plusieurs faces à quatre angles dans une direction parallèle.

3. Les crystaux en *prisme terminé en pyramide*.

Dans la première division nous observerons:

La *pyramide triangulaire simple* (1), formée d'une base à trois angles & de trois facettes se terminant en pointe. Elle est quelquefois vide en dedans. Cette espèce se rencontre le plus souvent en *druses*, ou en petits grains anguleux & serrés, à la surface de quelques masses calcaires dans l'intérieur des mines.

On peut aussi considérer une semblable pyramide comme la moitié d'un hexaèdre ou solide

____

(1) *Spatum trigonum.* L.

à six faces, dont l'autre moitié est cachée dans la matière qui lui sert de couche.

La *pyramide triangulaire double* (1), composée par deux pyramides triangulaires simples réunis base contre base. Cette forme peut être aussi regardée comme un hexaèdre rhomboïdal détaché, & se rencontre avec l'espèce précédente.

La *pyramide cinqangulaire simple* (2), formée d'une base à cinq angles & de cinq facettes, se réunissant en pointe. Cette espèce se rencontre groupée comme les précédentes.

Pyramide cinqangulaire double (3) ou deux pyramides à cinq angles réunis par leur base commune. Cette espèce offre des cristaux plus grands que la précédente, & il s'en rencontre souvent des creux.

Pyramide cinqangulaire multiplide (4), & formée de la réunion de pentagones en une sorte de globe à douze facettes, se trouve aussi dans les mines.

Pyramide sixangulaire simple (5), formée d'une base à six angles & de six facettes réunies au sommet en angle très-aigu. Ces sortes de crys-

---

(1) *Spatum pyramidale.* L.
(2) *Spatum pentaëdrum.* L.
(3) *Spatum pentagonum.* L.
(4) *Spatum granativum.* L.
(5) *Spatum sex-angulare.* L.

C

taux se rencontrent souvent rassemblés en pointes hérissées à la surface intérieure des mines.

Pyramide sixangulaire double (1), consistante en deux pyramides simples à six facettes, & réunies base à base. Des crystaux pointus de cette espèce, grouppés inégalement & dans une position oblique, sont connus sous le nom de *dents de cochon*. Ils se trouvent dans les mines d'Angleterre, de Suède, de Hongrie & d'Allemagne.

Toutes ces espèces de pyramides ont quelquefois des angles tronqués, & les facettes quelquefois plus ou moins convexes, une autre fois concaves.

Les crystaux en forme de *lentille* (2) sont probablement des pyramides hexaëdres doubles applaties, dont les angles sont totalement effacés.

Les espèces de crystaux de la seconde division sont :

Le *Prisme quadrangulaire* (3) ou à quatre faces parallèles sur une base à deux angles opposés obtus & deux aigus.

Les crystaux transparens connus sous le nom de Spate d'Islande, & dans lesquels la propriété de doubler les objets avoit été découverte par *Bartholin*, savant Danois du 17me. siècle, sont

---

(1) *Spatum hyodon.* L.
(2) *Spatum lenticulare.* L.
(3) *Spatum tetraëdrum.* L.

quelquefois des subdivisions transverfales de ces prifmes ; mais peuvent auffi provenir d'autres cryftaux transparens du Spate calcaire, puifque fes fractions font toujours rhomboïdales. La caufe de cette double réfraction a beaucoup exercé la fagacité des géomètres. Il femble qu'elle tient à la contexture lamelleufe des prifmes & à la direction oblique de leurs côtés , faifant que la face fupérieure tranfmet une image, & l'inférieure une autre.

Le *Prifme cuboïde* (1) reffemble au premier coup-d'œil à un cube, mais en mefurant fes angles, on trouve qu'ils diffèrent près de deux degrés & demi de l'angle droit. Ces cryftaux font ordinairement petits & grouppés.

Le *Prifme rhombe* (2) a des angles d'une différence beaucoup plus marquée. Les cryftaux de cette efpèce font le plus fouvent grouppés de manière à préfenter leurs faces fupérieures dans une pofition oblique.

Le *Prifme à fix faces* (3), foit parfaitement égales , foit deux oppofées ou trois alternantes plus larges que les autres , ayant toujours les deux bouts tronqués , a été regardé comme du vrai Spate calcaire par *Linné*, *Wallerius* & *Cronftedt*, & l'analyfe de *Klaproth*, répétée en France par

---

(1) *Spatum cubicum.* L.
(2) *Spatum rhombeum.* L.
(3) *Spatum prifmaticum.* L.

C 3

Thénard, a confirmé cette opinion, puisque ce
deux favans chimiftes n'y ont trouvé d'autre
parties conftituantes que de la chaux & de l'a
cide carbonique. *Werner* & *Haüy* l'en ont cepen
dant féparé, comme ne pouvant être réduit
la même forme primitive, & ils lui ont donn
le nom d'*Arragonite*, d'après la province d'E
pagne d'où l'on avoit eu les premiers échantillons
mais comme on l'a trouvée depuis en Franc
& en Allemagne, cette dénomination devien
infignifiante; & pour ceux qui mettent plus d'im
portance aux parties conftituantes qu'à la mefur
fouvent incertaine des angles, il fuffira de remar
quer ces fortes de cryftaux comme une *varié*
ftriée du prifme hexaèdre, puifque les face
en font le plus fouvent un peu fillonnées dan
leur longueur.

La cryftallifation en *tables* ou écailles à fi
angles (1), n'eft en effet qu'un prifme très - cour
à proportion de fa bafe, & pourroit fort bien
ne dériver que de la féparation des lames d'un
prifme de l'efpèce précédente. On rencontre de
ces lames différemment grouppées & incruftée
dans la furface d'autres productions calcaires.

La troifième divifion offre les efpèces fuivantes

____

(1) *Spatum bracleatum*. L.

Le Prifme à trois faces (1), terminé par une pyramide à trois facettes.

Le Prifme à quatre faces inégales (2), terminé par une pyramide à quatre facettes de la même nature,

Ces deux espèces fe rencontrent rarement.

Prifme à fix faces, les deux bouts en pyramides de trois facettes (3).

Prifme à fix faces, terminé à chaque bout par une pyramide à fix facettes (4).

Cette espèce offre une variété à prifme très-court, & à pyramides peu élevées, ce qui lui donne la reffemblance d'un globe.

Il est probable que l'espèce globuleuse (5) de Linné, n'est qu'un pareil octodécaëdre dont les angles font totalement effacés. Il s'en rencontre de folides, d'autres dont l'intérieur est formé d'un affemblage de cryftaux, & d'autres parfaitement creux. Il arrive quelquefois que la pyramide qui a fix facettes à fa bafe, fe termine en une pointe à trois facettes.

On trouve des exemples de l'un & de l'autre dans l'intérieur des mines de l'Allemagne & de l'Angleterre.

---

(1) *Spatum triedrum.* L.
(2) *Spatum tetraëdrum.* L. Variété.
(3) *Spatum dodecaëdrum.* L.
(4) *Spatum octodecaëdrum.* L.
(5) *Spatum globulofum.* L.

L'on voit dans les cabinets de minéralogie un Schiste calcaire ou chaux carbonatée feuilletée (1), qui n'offre à l'analyse que les mêmes parties constituantes que le genre précédent, & ne se trouve, comme lui, que dépendant d'autres masses calcaires ; mais il en diffère par une consistance formée visiblement par couches, quelquefois courbées, en même-temps que sa cassure est indéterminée & dépourvue de formes rhomboïdales. La surface est un peu grasse au toucher. La couleur est blanchâtre en différentes nuances. Transparence le plus souvent nulle, si ce n'est sur les bords minces des fragmens.

Ce genre n'a encore été trouvé qu'en Saxe, en Suède & en Norwége. Il est probable qu'il est formé par dépôts d'une décomposition de spate calcaire.

Un autre genre, que l'on ne rencontre aussi que dans les collections un peu considérables, est le Spate soyeux (2), ressemblant au spate calcaire par sa cassure lamelleuse & ses fragmens rhomboïdaux, mais différent de la chaux carbonatée simple par une effervescence peu remarquable avec l'acide nitrique, par l'éclat soyeux de sa surface, & par la couleur brune qu'il prend au feu.

---

(1) *Schisto-spatum.* L.
(2) *Bitter-spath* de Werner.

Pour connoître les parties conſtituantes de cette ſubſtance, on la réduit en poudre, la péſe, & la diſſout par le moyen de la potaſſe cauſtique, de la manière indiquée pour l'analyſe du *Terreau*. La diſſolution achevée, l'on y ajoute de l'acide ſulfurique étendu, qui s'unit à la chaux & qui devient un ſulfate ſolide, dont on retire enſuite la chaux par la calcination. En traitant de nouveau le reſtant de la liqueur par un alcali cauſtique, l'on obtient une précipitation plus abondante, qui, après avoir été lavée & calcinée, donne une *terre blanche*, *légère*, *très-fine*, *onctueuſe au toucher*, *inaltérable au feu*, *très-peu ſoluble dans l'eau*, *& verdiſſant légèrement la teinture des violettes*. C'eſt le caractère de la *Magnéſie*, qui entre auſſi pour beaucoup dans la compoſition des *Talcs*, des *Asbeſtes*, des *Serpentines* & autres minéraux ſemblables. Les morceaux de ſpate ſoyeux ou talqueux analyſés par *Klaproth*, ont été trouvés compoſés de plus de moitié de *Chaux carbonatée*, un peu moins de *Magnéſie carbonatée*, & environ une trentième partie d'oxide de *Manganèſe* & de *Fer*. Ces derniers mélanges pouvant être regardés comme accidentels, la nature du ſpate ſoyeux eſt celle d'une *Chaux carbonatée magnéſienne*. Les échantillons ſoumis à l'analyſe étoient originaires des montagnes du Tyrol & de Suède.

C 5

Le Spate brunissant (1) est d'une consistance lamelleuse & se cassant en fragmens rhomboïdaux comme le spate calcaire ; mais il fait
peu ou point d'effervescence avec l'acide nitrique, *brunit* à l'air & noircit au feu. Il est aussi
un peu plus pesant. Pour connoître les causes
de cette différence, on réduit en poudre une certaine quantité de spate brunissant, on le traite
de la même manière que le spate soyeux, d'a-
bord par l'alcali caustique & ensuite par l'acide
sulfurique jusqu'à la séparation du sulfate de
chaux. On étend le résidu par une bonne quantité d'eau, l'on y ajoute encore un léger excès
d'acide sulfurique, & on y verse ensuite une dissolution de carbonate de potasse, bien saturée d'a-
cide carbonique ; il s'y fera une précipitation,
que l'on reconnoîtra facilement pour de l'*oxide
de fer*; mais dont la quantité, additionnée avec
celle du sulfate de chaux calcinée, ne sera pas
encore le compte; il faudra donc continuer l'o-
pération. A cet effet, l'on verse, dans le restant
de la liqueur, du foie de soufre liquide (*hydro-
sulfure de potasse*), que l'on trouve dans les pharmacies (2), & il s'en précipitera une substance

------

(1) *Magnesiata.* Gmelin. *Braun-spath.* Werner.
Chaux carbonatée ferrifère perlée. Hauy.

(2) Si l'on veut le préparer soi-même, l'on dissout
une certaine quantité de potasse caustique, dans seize

métallique, en état d'hydro-sulfure, enlevé à la potasse. Ce nouveau produit, poussé par la calcination, se trouve être un oxide métallique, mais qui brunit aussitôt à l'air, & se réduit, après quelques jours, en une poussière noirâtre. C'est le caractère du *Manganèse*.

Ce produit ajouté aux deux précédens complétera à peu près le poids du spath soumis à l'essai, & en rangeant les trois parties constituantes d'après leurs quantités respectives, c'est la *Chaux carbonatée* qui occupe la première place, faisant la moitié de la totalité; vient ensuite l'*Oxide de manganèse*, & enfin l'*Oxide de fer*, dont le mélange est quelquefois si peu considérable, qu'il a échappé à l'attention de plusieurs bons minéralogistes. Il est donc probable qu'il n'y est qu'accidentel, & que l'on pourra donner à cette substance le nom de *Chaux manganésée*.

Linné n'avoit pas connu cette substance, non plus que la précédente; mais *Gmelin*, dans son édition du *Système de la Nature*, s'appuyant sur l'autorité de *Bergmann*, *Cronstedt* & *Hoffmann*, établit les trois espèces suivantes :

---

fois son poids d'eau, en chauffant le mélange jusqu'à l'ébullition, & l'on y ajoute peu à peu autant de soufre pulvérisé que la liqueur peut dissoudre ; après quoi on la filtre, & la conserve en bouteilles bien bouchées.

La grenue (1), de couleur brune en dehors, blanchâtre en dedans, & ressemblant à du marbre; se divisant par l'action du feu en grains & fragmens indéterminés. Elle noircit dans la combustion, & donne une chaux de mauvaise couleur, mais d'un excellent usage pour les constructions sous l'eau & le pavé des maisons, puisqu'il durcit promptement & ne se laisse plus ramollir. Cette espèce, découverte d'abord en Suède, a été trouvée depuis près de Brion, dans la Bourgogne, & ailleurs, tant en France qu'en Allemagne.

La *Chaux manganésée conchoïde* (2), de couleur rouge ou cendrée, blanchâtre, & tachant un peu les doigts. Consistance en lames courbées, luisantes, & se divisant au feu en fragmens indéterminés. Cette espèce occupe les crevasses de l'autre, partout où elle forme des masses considérables.

La *Chaux manganésée crystallisée* (3), de couleur blanchâtre, à nuances très variées, quelquefois avec un peu d'éclat métallique. Consistance en lames droites & luisantes, plus ou moins translucide. Cassure toujours rhomboïdale, formes crystallines, empruntées du spate calcaire.

---

(1) *Magnesiata granularis.*
(2) *Magnesiata flexuosa.*
(3) *Magnesiata spatosa.* Gm.

Cette espèce est, comme la seconde, dépendante de la première, mais elle est en général plus pure, & exempte de tout mélange ferrugineux.

Le GYPS est une substance d'un emploi journalier, mais que bien peu de personnes savent comment distinguer de la chaux qui entre dans le mortier ordinaire. Il est cependant plus *léger*, ne pesant que *deux fois & trois dixièmes* son volume d'eau; il est aussi *moins dur*, se laissant facilement rayer par le marbre & le spate calcaire. En essayant le gyps avec l'acide nitrique, il ne fait point d'effervescence, à moins qu'il ne soit mêlé de *Chaux carbonatée*, comme il l'est ordinairement dans le *Plâtre*, & encore est-elle peu remarquable. Au chalumeau il n'est *fusible* que sur le tranchant des lames. Alors il prend l'apparence d'un émail blanc, mais qui pe bientôt son éclat & tombe en poussière. En le soumettant à l'action du feu dans un bon creuset fermé, il perd près de deux tiers de son poids, & l'intérieur du creuset se trouve tapissé de *soufre* en état de sublimation. La matière terreuse qui reste est de la chaux vive. Le gyps est donc une *Chaux sulfatée*.

Cette production calcaire est assez rare dans la Belgique. Elle se rencontre cependant près de la ci - devant abbaye de *Soleumont*, entre Mons & Charleroy, mais il faut croire que les veines en sont peu riches, puisqu'elles ne sont guères exploitées. Près de Luxembourg, il y a des carrières de gyps plus abondantes : c'est de là que l'on tire du plâtre pour les villes les plus voisines ; mais celui qui entre dans les bâtimens de Bruxelles & de Gand, vient, pour la plus grande partie, du gyps de Mont-Martre, près de Paris.

L'on a remarqué que les carrières de gyps se trouvent le plus souvent dans le voisinage de quelque source salée. Les principales espèces sont les suivantes :

La *Chaux sulfatée terreuse* (1), de consistance pulvérulente, & de couleur blanc-de-neige. Elle se rencontre près des montagnes de gyps, & provient de leur décomposition par les eaux. Il s'en trouve aussi en grains plus gros (2), ayant la même origine.

La *Compacte* (3) ou l'*Albâtre*, formée par couches, est d'un grain très-fin, susceptible d'un beau poli. Couleur blanche, jaunâtre ou rougeâtre, souvent *rubanée* ou *ondulée*, avec plus ou moins de transparence. Sa cassure n'affecte aucune forme déterminée. Son usage, en sculp-

---

(1) *Gypsum terreum.* L. Chaux sulfatée niviforme de *Haüy.*
(2) *Gypsum arenaceum.* L.
(3) *Gypsum alabastrum.* L.

(63)

ture & en architecture, est connu ; mais dans les pays où il est très-abondant, il s'emploie aussi à la fabrication du plâtre.

La *fibreuse* (1). Consistance en fibres parallèles, quelquefois ondulées, se cassant en éclats longs, & sans forme déterminée ; couleur blanche ou jaunâtre, avec transtucidité. Cette espèce forme rarement de grandes carrières à elle seule, mais se trouve le plus souvent près de celle de l'espèce lamelleuse : comme c'est ordinairement la plus pure, elle est employée à des moules pour des statues & autres ouvrages de fonte.

Le gyps sillonné (2) n'est qu'une variété de l'espèce fibreuse.

La *Chaux sulfatée lamelleuse* (3) est de consistance solide, composée de lames courbées, très marquées dans la cassure, qui d'ailleurs n'affecte aucune forme régulière. Couleur le plus souvent grise, jaunâtre, enfumée, quelquefois d'un jaune doré, & avec plus ou moins de transparence. Cette espèce, dont les gyps *lamellé* & *schisteux* de *Wallerius*, cités par *Gmelin*, ne sont que des variétés, est la plus abondante, & celle qui s'emploie le plus souvent à la préparation du plâtre, quoique toutes les autres peuvent servir au même usage.

------

(1) *Gypsum fibrosum.* L.
(2) *Gypsum radiatum.* Gmelin.
(3) *Gypsum usuale.* L.

La *Chaux sulfatée vitreuse* ou la LUNAIRE, *Sélénite* de *Werner*, ainsi nommée par la ressemblance de son éclat argenté à celle de la *lune* (*Sélène* en grec), est celle qui se rencontre le plus rarement. Son caractère est une forme crystalline primitive de quatre côtés, & dont deux angles opposés sont de 113 degrés, les deux autres de 67 ; s'il y a des espèces dans lesquelles cette forme n'est pas d'abord apparente, elle la devient toujours dans la cassure. Pour le reste, elle est composée de lames droites, blanches & transparentes. Au chalumeau ces lames se lèvent & se séparent. La pesanteur est un peu moindre que celle de l'albâtre. Il en est de même de la dureté.

La *Lunaire rhomboïdale*, nommée anciennement par excellence *Pierre de la lune*, & à laquelle *Linné* avoir consacré particuliérement le nom de *Sélénite* (1), le plus souvent en plaques épaisses & moins transparentes, ne se rencontre jamais qu'en formes rhomboïdales, soit entières, soit divisées diagonalement, soit enfin grouppées, & tenant ensemble par les bords. Lorsque deux crystaux ainsi réunis se cassent tous les deux par la ligne diagonale ou d'un coin à l'autre, en sens différens, il en résulte une de ces formes connues sous le nom de *Gyps en fer de lance*, conservés dans les cabinets de miné-

---

(1) *Gypsum selenites*, L.

ralogies. On la trouve à Mont-Martre , à Saint-
Germain-en-Laye & à Mézières ; mais plus communément dans les falines d'Allemagne.

Outre les cryftaux qui confervent le caractère
de la forme primitive , la nature en façonne
d'autres , foit par addition ou par fouftraction ,
dans lefquels cette forme eft parfaitement maf-
quée , & ne fe reproduit que dans la caffure.

Tels font la *lunaire cubiforme* (1) qui préfente
un cube quelquefois entier , quelquefois ayant
deux ou quatre angles tronqués.

La *Lunaire prifmatique* (2) , en colonnes à quatre
ou à fix côtés , dont fouvent deux font liffes ,
& les quatre autres fillonnés dans la longueur.

La *Lunaire pyramidale* (3) , à bafe triangulaire
& à trois facettes conniventes en pointes. Elle
fe forme dans les canaux des falines de l'Autriche.

La *Lunaire en lentille* (4) , & enfin la *globu-
leufe* (5) , compofées probablement de pyramides
dont les angles font effacés. La *Lentille* eft fréquente
à Mont-Martre , où elle fe rencontre auffi réunie
en *fer de lance*.

Les efpèces le plus fouvent informes , mais
dont la caffure eft cependant toujours rhomboï-

---

(1) *Gypfum teffulare.* L. *
(2) *Gypfum prifmaticum.* L.
(3) *G. pyramidale.* Gmelin.
(4) *G. lenticulare.* L.
(5) *G. globulofum.* Gmelin.

dale, sont la *glaciale* de *Linné* & la *spéculaire* de *Wallerius*. Le nom de tous les deux se dérivent de l'ancienne dénomination de miroir de la Vierge (*glacies Mariæ*) (1). Elles sont toutes deux d'une belle transparence vitreuse ; mais la première se distingue par une cassure irrégulière, approchant du coin tronqué, au lieu que celle de la seconde a les côtés parallèles.

A ces espèces, l'on peut ajouter avec *Linné* la *Stalactitale* (2), formée par les eaux tombant goutte à goutte dans les cavités des montagnes gypseuses, & déposant la matière séléniteuse dans une grande variété de formes, parmi lesquelles plusieurs ont reçu des dénominations constantes, telles que la *Branchue* (Leckstein des Allemands) ; la *Vermiculaire* (Kragenstein, Kroestein) ; *l'Ondulée* (Bandstein) ; *l'Ecriture* (Schrift-stein), & plusieurs autres généralement connues dans les pays où les productions de cette nature sont communes.

Avant que de quitter le sujet des substances qui donnent de la chaux par la combustion, il conviendra d'indiquer toutes celles qu'on a découvertes jusqu'à présent, quoique leurs gissemens naturels ne soient pas toujours à notre portée.

---

(1) *G. glaciale*. L. Trapézienne de Haüy.
(2) *G. stillatitium*. L.

Dans ce cas est le FLUX (1), vulgairement *Spate fluor*, qui tire sa dénomination de l'usage que l'on en fait, dans les pays où il abonde, pour faciliter la *fusion* de plusieurs autres substances minérales; mais chez nous il est plus connu par la beauté de ses couleurs, & par la transparence de sa contexture.

Toutes les espéces ne sont cependant pas également belles, mais elles se ressemblent par d'autres caractères; savoir : une pesanteur d'un peu plus que trois fois leur volume d'eau; une dureté rayant la chaux carbonatée, mais se laissant rayer par la *Silice*; des morceaux de *Flux*, frottés l'un contre l'autre, brillent dans l'obscurité; au chalumeau ils pétillent d'abord en éclats, & se fondent ensuite en émail blanchâtre. Cette substance calcaire ne donne ni effervescence avec les acides, ni étincelles au briquet, & reste indissoluble dans l'eau.

On l'avoit long-temps confondu avec la chaux sulfatée; mais le célèbre chimiste suédois *Scheele* a découvert le premier que l'*acide* combiné ici avec la chaux est d'un genre particulier, auquel on a donné le nom de *fluorique*, & qui se distingue par la propriété de *corroder* le verre & autres matières siliceuses, action qu'il exerce même en état de *Gaz*, au point de ne pouvoir être conservé dans des bouteilles ou

----

(1) *Fluor*. L. *Chaux fluatée* de Haüy.

récipiens ordinaires ; il lui en faut d'argile ou de plomb. Il brûle aussi les substances animales.

On a tiré de son action sur le verre l'invention de graver sur cette matière : à cet effet, on l'enduit d'un vernis, & y trace les figures, en couvrant ensuite le tout de cet acide, qui passe dans les traits du dessin & en marque l'empreinte.

L'analyse chimique du *flux* donne un sixième de cet acide particulier ; sur trois ou quatre autant de chaux ; le reste est de l'eau, surtout dans les espèces crystallisées.

Il se trouve en Hongrie du *Flux pulvérulent* (1) ; en Allemagne & ailleurs une espèce *compacte* (2), d'une couleur blanche, verdâtre, à peu près uniforme, peu recherchée par la beauté, mais d'un excellent usage dans un vernis, où il entre avec le *Gyps* & la *Baryte*, & qui sert à conserver l'éclat des métaux sujets à s'oxider.

Le *Flux spatique* (3) offre des masses transparentes élégamment variées en couleurs, parmi lesquelles le pourpre, le blanc & le jaune se rencontrent le plus fréquemment. Il est de consistance lamelleuse, quelquefois uniforme, ou quelquefois mêlée de parcelles métalliques. Cassure pyramidale, irrégulière & inclinée. On

---

(1) *Fluor pulverulentus.* Gm.
(2) *Fl. compactus.* L.
(3) *Fl. spatosus.* L.

en fait de petits vases & autres ornemens pour
les cabinets des curieux. Le *Derbyshire*, en Angleterre, est célèbre pour cette production ; mais
on en trouve aussi en Allemagne, en Suisse, en
Saxe & ailleurs. Quant aux formes crystallisées,
elle se rencontre beaucoup plus rarement dans
ce genre, comme dans la plupart des autres ;
Haüy nous apprend que la primitive doit être
l'*Octaèdre régulier*, ayant deux angles de ses lames
de 120 degrés, & les deux autres de 60 ; mais
cette figure n'est le plus souvent que le produit
de la division mécanique, & se rencontre peu
dans la nature. Les crystallisations de chaux fluatées,
que l'on voit le plus fréquemment, sont :
celles en plaques *rhomboïdales* (1), oblongues,
qui se rencontrent en *Alsace* & ailleurs ; celles en
forme cubique (2), soit entière, soit tronquée ;
pleine ou creuse, à faces planes ou concaves,
& enfin la *Pyramidale* (3), à trois ou à quatre
faces. Tous ces crystaux sont ordinairement de
couleur uniforme, & outre les couleurs déjà
citées, à l'occasion du *Flux spatique*, il y en a
aussi des bleus, des verts, de couleur de miel ;
dans l'espèce *cubique*, on remarque une couleur grise qui distingue des cubes isolés que l'on

---

(1) *Fluor tabularis*. Wallerius.
(2) *Fluor cubicus*. W.
(3) *Fluor pyramidalis*. L.

trouve près de *Boxton*, en Angleterre, & qui contiennent un mélange d'argile.

Une autre substance calcaire, beaucoup plus rare, puisqu'elle ne se rencontre qu'en Bohême, en un seul endroit en Saxe & en Espagne, c'est la Chaux phosphatée, ou *Phospholite* de Kirvan, nommée *Apatite*, par *Werner*, ce qui, selon lui, doit signifier *trompeuse*, pour exprimer la grande ressemblance de cette pierre avec l'*Emeraude*, & qui avoit été cause qu'on les avoit confondues l'une avec l'autre. Cette dérivation fut-elle même exacte, ce n'étoit pas la peine d'inventer un nom qui a tant besoin d'explication ; mais ajoutons qu'un Grec même n'auroit jamais su la deviner : d'après le génie de sa langue, on auroit dû dire *Apatelite*, pour que ce nom pût être dérivé de l'*adjectif Apatêlos* , trompeur. Les Français devroient être en garde contre toutes ces nouvelles dénominations tirées d'une langue que beaucoup de monde n'entend point; la leur est classique autant que la grecque, & beaucoup plus répandue que celle-ci ne le fut jamais. Ils ont déjà senti la belle ambition que toutes les sciences soient enseignées dans leur langue; pourquoi ne pas aussi tirer la nomenclature de leur propre fond? Ayant alors inventé un *nom* qui exprime la *chose*, ils auroient le plaisir de se faire entendre de tout le monde, au lieu qu'un Grec même d'origine, ou un favans le plus verfé dans la langue de l'ancienne Athènes, ne comprennent rien à ce jargon grécifé, dont on veut farcir les fciences, pour les rendre inintelligibles.

Nous laifferons donc l'*Apatite* pour ce qu'elle vaut, &, s'il faut abfolument un nom trivial, nous nous en tiendrons au nom de *Phofpholite*, dont la fignification eft familière à tout homme un peu inftruit.

Cette pierre eft d'une confiftance lamelleufe, à caffure irrégulière, fouvent granuleufe. Sa pefanteur va jufqu'à trois fois & un cinquième fon volume d'eau ; fa dureté eft plus confidérable que celle de la chaux carbonatée, qui fe laiffe ainfi rayer par elle. La pouffière de fes cryftaux pilés, jetée fur des charbons ardens, produit une belle phofphorefcence ; mais, en état folide, ces mêmes cryftaux font infufibles au chalumeau & ne font folubles que très lentement dans l'acide nitrique, fans aucune effervefcence remarquable.

L'analyfe donne environ 55 centièmes de chaux & 45 d'acide phofphorique. C'eft donc une vraie *Phofphate calcaire*. Elle a pour forme cryftalline primitive, felon *Haüy*, l'hexaèdre régulier, & pour molécule intégrante le prifme triangulaire à côtés égaux.

Les cryftaux réguliers font pour la plupart tranfparens, avec une réfraction fimple. On en connoît deux variétés, la *verte*, tirant quelquefois fur le bleu & quelquefois fur le jaune , & la *brune*, nommée la *Chryfolite* , tirant fur le jaune & quelquefois fur le violet. On trouve la première en Bohême & en Saxe avec les mines d'étain , & même en Norwége. L'autre eft originaire d'Efpagne & de Norwége.

On avoit long - temps confondu ces cryftaux avec des pierres fines , qui ont des couleurs approchantes , comme par exemple les variétés de la *Topafe* ; mais ces dernières ont une dureté beaucoup plus confidérable, étincellent fous le briquet & raient le cryftal de roche, au lieu que la chaux phofphatée s'en laiffe rayer. Leur pefanteur eft auffi moindre , comme nous le verrons ci-après.

Il exifte une chaux phofphatée groffière , opaque , d'un afpect terreux & à cryftallifation confufe. On en voit dans l'Eftramadure en Efpagne des maffes confidérables , difpofées par couches entremêlées de quartz. On la prendroit pour de la chaux carbonatée à grain fin , fi elle faifoit effervefcence avec l'acide nitrique, & fi elle n'étoit pas plus pefante.

Le *Phofpholite* étoit inconnu à *Linné*. *Gmelin* l'a décrit, d'après *Werner* , fous le nom d'*Apatite*, & en fait fix efpèces , favoir : celle en roche (*rupeftris*), en tables octaèdres (*octaèdrus*), en tables hexaèdres (*tabularis*), en prifme hexaèdre (*prifmaticus*), qui eft la plus commune , en

prifme

prisme octaèdre (*columnaris*); en prisme trièdre (*triedrus*).

La Chaux arséniatée est une nouvelle découverte des chimistes allemands, qui lui ont donné le nom de *Pharmacolithe*, ou *Pierre empoisonnée*. Sa forme est en mamelons striés intérieurement du centre à la circonférence. Quelquefois aussi elle est capillaire; sa couleur est d'un blanc de lair, sa dureté le cède à celle de toutes les espèces précédentes. Elle répand au chalumeau une odeur d'ail, mais sans se volatiliser, & se dissout dans l'acide nitrique sans effervescence, mais reste insoluble dans l'eau.

La *Chaux arséniatée* n'a été trouvée jusqu'ici qu'à *Wittichen*, en Allemagne, dans un granit à gros grains, & les mamelons colorés extérieurement en lilas par le cobalt.

On n'en connoît encore en France d'autre échantillon que celui du cabinet de *Haüy*.

Un genre calcaire plus commun, mais auquel on fait peu d'attention, c'est cette excroissance, en forme de gelée blanche, qui se forme sur les murs dans les endroits humides, tels que les caves, les égouts, &c. Son analyse prouve que c'est une Chaux nitratée (1), ou combinée avec l'*Acide nitrique*, formé par un air croupissant.

La *Chaux nitratée* ne se crystallise naturellement

---

(1) *Nitrum flammans*. Gmelin.

D

qu'en aiguilles très-fines comme une moisissure, mais dans lesquelles un bon microscope distingue la forme prismatique hexaèdre ; ce qui vient à l'appui de ma manière d'envisager les cryftaux comme une forte de *florefcence minérale*. Par une cryftallifation artificielle , on obtient des cryftaux de chaux nitratée plus forts , & dans lefquels la forme de prifme hexaèdre , ayant les deux bouts en forme de prifmes à fix facettes , eft parfaitement déterminé. C'eft la forme à laquelle *Haüy* donne le nom de *rihexaèdre* , qui eft la même que l'*octo-décaèdre* de *Linné*.

Elle fe liquéfie au chalumeau , & détonne à plufieurs reprifes à mefure qu'elle fe deffèche. La calcination la rend phofphorefcente dans l'obfcurité. Elle eft foluble dans deux fois fon poids d'eau froide , & en moins de fon poids d'eau bouillante. Le goût en eft d'une amertume défagréable.

La chaux nitratée fe forme fouvent enfemble avec la *Potaffe nitratée* ; mais elle s'en diftingue par fon état habituel de déliquefcence , au lieu que l'autre eft d'une nature plus féche. Lorfqu'on les foumet toutes les deux à la folution aqueufe , l'acide nitrique abandonne la bafe calcaire & s'accumule dans la potaffe nitratée.

Nous avons déjà eu occafion d'obferver que la POTASSE pure fe retire de la cendre des végétaux. Elle eft folide , blanche , cauftique , inodore, lorsqu'elle est sèche, mais d'une odeur fade dans sa dissolution dans l'eau, qui s'opère avec émanation de chaleur ; se réduisant par la simple évaporation en cryſtaux de plaques rhomboïdales, dont le mélange avec de la glace produit un froid assez fort pour faire congeler le mercure ou vif argent. La potaſſe fond au feu à une température de 150 degrés centigrades au-dessus de la fusion du mercure. Dans cet état elle entraîne la fusion de la silice & se combine avec elle dans un compoſé tranſparent, de même que sa dissolution aqueuse sert d'intermède à la solution de la silice dans de l'eau. Elle se combine artificiellement avec plusieurs acides, mais la seule de ces combinaisons qui se rencontre dans la nature est l'espèce suivante :

La Potaſſe nitratée ou le salpêtre, détonnant par le feu avec un corps combuſtible, est soluble dans 4 fois son poids d'eau froide, & dans la moitié de son poids d'eau bouillante ; son analyse, d'après *Bergmann*, donne 49 centièmes de potaſſe, 33 d'acide nitrique, & 18 d'eau de cryſtalliſation.

Les cryſtaux déterminables de la potaſſe nitratée ne s'obtiennent que par la solution & l'évaporation, & se réduisent tous, suivant *Haüy*, à une forme primitive d'octaèdre régulier, ayant pour molécule intégrante le tétraèdre irrégulier ; dans la nature elle ne se rencontre guères qu'en

une forte d'efflorefcence en aiguilles & en filamens foyeux, qui fe forment par les émanations
des fubftances animales & végétales en fermentation, furtout dans les écuries & dans les éta-
bles. Les végétaux fourniffent la potaffe en même-
temps que la décompofition des fubftances animales donne l'oxigène & l'azote, qui forment
enfemble l'acide nitrique ; *Linné* & *Wallerius*
ne donnent qu'une feule efpèce de *Potaffe nitratée* (1), qui eft la *fibreufe* de *Haüy*. C'eft elle
qui, mêlée avec de la chaux nitratée, forme
une apparence de gelée blanche fur les vieux
murs, dont cette efflorefcence détruit la folidité.

Le nom de *Salpêtre de houffage* lui eft venu
des houffoirs dont on fe fert pour le recueillir.

Ce mélange de fels, à bafe de potaffe & de
chaux, d'une formation qui paroît fimultanée,
pourroit donner lieu à croire que la potaffe n'eft
que de la chaux avec une furabondance d'azote.
Apparence que des recherches ultérieures éclair-
ciront. Mais une preuve que l'azote entre pour
quelque chofe dans fa compofition, c'eft qu'avec
l'oxigène, dont elle dépouille les oxides métalliques, elle produit de l'acide nitreux.

Parmi les cryftaux de la potaffe nitratée que
l'on obtient par l'évaporation, nous remarquerons particuliérement la variété que *Haüy* nomme
trihexaèdre, compofée d'un prifme à fix pans,

____

(1) *Nitrum humofum.* L.

dont les deux bouts font terminés par des pyramides à fix facettes, & préfentant une grande
reffemblance avec les *Cryftaux de roche*. Ce fut
par la confidération pour analogie que *Linné*
rangea le quartz cryftallifé fous le titre de ce fel,
& lui attribua le nom de *Nitrum quartzofum*.

Des recherches encore à faire décideront, fi ce
naturalifte ingénieux n'a pas deviné la génération
des pierres comme les fexes des plantes.

Gmelin cite, d'après d'autres auteurs, deux
nouvelles efpèces de nitre; favoir : le *Natif* (1),
qui doit fortir tout formé de la terre, dans la
Pouille, la Calabre & ailleurs; & le *Cubique* (2),
que l'on dit avoir vu dans une cave. Ce font
tout au plus des variétés d'une même efpèce.

C'eft la nitrate de potaffe, purifiée par la folution dans l'eau & par la recryftallifation, qui entre
dans la compofition de la poudre à canon, à
la proportion de fix huitièmes, fur un huitième
de foufre & autant de charbon. L'effet violent de
ce mélange eft caufé par l'expanfion inftantanée
des divers gaz produits dans fon inflammation,
par la décompofition de l'acide nitrique & du
charbon.

La grande fufibilité du falpêtre, qu'il communi-

(1) *Nitrum nativum*. Gmelin.
(2) *N. cubicum*. Gm.

que même à d'autres corps, le rend utile aux travaux des orfèvres & aux manufactures des glaces pour les miroirs.

La potasse nitratée sert aussi à la fabrication de *l'eau forte*, ou l'acide nitrique combiné avec de l'eau. Pour séparer d'abord l'acide nitrique de la potasse & de la chaux, on emploie l'acide sulfurique, qui, étant plus fort que l'autre, le chasse en vapeurs & s'empare de sa base; ces vapeurs, condensées dans un récipient, donnent par manière de distillation une liqueur qui est l'acide nitrique pur, trop âcre en elle-même, & qu'on a besoin de délayer avec de l'eau pour s'en servir dans les arts. On sait que cette liqueur dissout tous les métaux, excepté l'or & le platine.

En médecine, la potasse nitratée est employée en petites doses, comme rafraîchissant & diurétique. Mais à grande dose elle irrite, & a quelquefois des effets très-nuisibles.

Puisque la liaison naturelle entre les matières calcaires & la potasse nous a conduits sur le sujet des *Alcalis*, nous continuerons l'examen des autres substances de même nature.

Nous avons déjà eu l'occasion de remarquer que la Soude pure du commerce provient de l'incinération des plantes marines comme la potasse de celle d'autres végétaux. Ces deux substances

(79)

se ressemblent par la couleur , par la causticité , se comportent de même dans la solution
aqueuse & dans la fusion par la chaleur , formant toutes les deux du verre avec la silice &
augmentant l'intensité du froid dans la glace ;
mais leurs combinaisons avec les acides sont différens , & la cohérence de la soude avec eux est
moins forte : cette substance les cède à la potasse ,
tout comme la magnésie & la chaux , dans la
préparation de la potasse nitratée , par le salpêtre
de houssage mêlé de ces nitrates.

Comme les sels à base de magnésie se trouvent
souvent avec ceux à base de soude , on a cru
pouvoir en conclure que la soude étoit une combinaison de magnésie & d'azote ; mais cette opinion n'est point encore confirmée par des expériences.

La grande analogie qui existe entre la potasse
& la soude , seroit plutôt soupçonner qu'elles
ont une origine commune ; s'il se confirme que
la première est une modification de la chaux ,
l'autre l'est vraisemblablement aussi.

Les combinaisons de la soude avec les acides
sont plus variées dans la nature que celles de la
potasse. On en connoît quatre espèces différentes ;
savoir : la soude *muriatée*, la soude *boratée*, la
soude *carbonatée* & la soude *sulfatée*.

D 4

La Soude muriatée, ou le *sel commun* (1), a pour forme primitive, aussi bien que pour molécule intégrante, le *Cube* régulier. Elle est soluble dans trois fois son poids d'eau, soit chaude, soit froide, & décrépite au feu. Pour le reste, son goût connu suffit pour la distinguer des autres sels.

Son analyse, d'après *Bergmann*, donne 42 centièmes de soude, 52 d'acide muriatique, & 6 d'eau.

Il y a beaucoup de vraisemblance, que la base inconnue de l'acide muriatique est une modification de l'hydrogène.

Parmi les variétés de crystallisation, toutes formées par le cube & ses divisions, il y en a une qui ressemble à la moitié d'un cube creux coupé diagonalement, ou à un entonnoir carré; c'est celle qui est connue sous le nom de *trémie*. Cette crystallisation singulière commence par un petit cube isolé, qui s'enfonce à fleur d'eau par son poids, & aux bords duquel s'attachent des rangées d'autres cubes de nouvelle formation, qui s'enfoncent de même à leur tour, sont suivis par d'autres qui s'attachent de la même manière aux bords des précédens, & augmentent ainsi le pyramide évasé autant que ses parois minces le comportent, ou jusqu'à ce que l'ouverture ait la largeur d'un doigt. Ces accroissemens successifs

____

(1) *Muria.* L.

font marqués par des fillons parallèles à la bafe.

Ces cryftallifations déterminables font toujours les plus rares. Celles des grandes maffes font fibreufes ou informes. La couleur eft le plus fouvent blanchâtre, avec tranflucidité, mais auffi quelquefois avec des nuances rouges, bleues, violettes & brunes.

On divife communément la foude muriatée en *Sel gemme* (1) & *Sel marin* (2). Le premier fe trouve tout formé dans les mines nombreufes d'Allemagne, de Hongrie, de Pologne, de Ruffie & d'Angleterre. Il eft le plus fouvent difpofé par couches, fous du fable ou de l'argile, en des terrains fecondaires. La faline de Wilifczka, en Pologne, occupe une étendue de plufieurs lieues, fur une profondeur de 300 mètres ou environ 920 pieds, dont cependant 65 mètres ou 200 pieds font en couches terreufes qui la couvrent. Le fel s'y exploite en blocs de 26 décimètres ou 8 pieds de longueur fur moitié de largeur & quart d'épaiffeur. On rencontre quelquefois dans les maffes de fel des débris du règne animal, tels que des offemens, des dents molaires & défenfes d'éléphans, furtout des coquillages & des madrepores.

Le *Sel marin* qui fe retire de l'eau falée par

____

(1) *Muria montana.* L.
(2) *M. aquatica.* L.

évaporation dans les pays chauds, ne diffère en rien du fel gemme, & femble n'en être qu'une diffolution aqueufe communiquée à la mer par des conduits fouterrains ; ce qui eft d'autant plus probable qu'il exifte auffi des lacs & des fontaines falés. De ces derniers, nous pouvons citer même en France ceux de la Bourbonne, de Bourbon-l'Ami, de l'Archambaut & quelques autres.

Le fel marin fe ramaffe dans des étangs peu profonds enduits de terre glaife, qui communiquent avec la mer & fe rempliffent à la marée montante. L'évaporation s'opère alors par la chaleur du foleil. Dans les pays froids on emploie des chaudières & le feu.

Dans une mine près de Halle, dans le Tyrol, on rencontre une foude myriatée gypfifère, affez reffemblante au fel gemme, mais moins foluble dans l'eau & d'une faveur plus foible, de forte qu'elle ne peut guères fervir comme fel, mais très-bien à la préparation du plâtre. La chaux fulfatée y entre pour 57 centièmes, & la foude myriatée feulement pour 31. Le refte eft de la chaux carbonatée.

La SOUDE BORATÉE, plus connue fous le nom de *Borax & de Tincal* (1), eft d'un goût favonneux, douceâtre. Elle eft foluble dans fix fois fon poids d'eau chaude ou dans le double d'eau froide ;

____

(1) *Borax tincal.* L.

fusible au chalumeau avec boursoufflement , &
se changeant en verre , même dans le mélange avec
d'autres substances , dont elle prend alors les couleurs. Son analyse donne 36 centièmes d'acide
boracique & 17 de soude ; le reste est de l'eau.

La crystallisation primitive aussi bien que la
molécule intégrante , suivant le même auteur ,
est le prisme rectangulaire oblique , à cassure ondulée & brillante. Entre cinq ou six formes variées , que donne la soude boratée par le secours de
l'art , le dihexaëdre de *Haüy* est la plus commune : elle est composée d'un prisme à six pans ,
terminé aux deux bouts par des pyramides , régulié-
rement à 3 facettes en pointe très-allongée. Dans
la nature , cette substance est le plus souvent informe , d'une couleur blanchâtre ou légérement
verdâtre , avec un aspect gélatineux translucide.

Le nom de *Borax* est arabe , & celui de *Tincal*
indien.

Nous devons cette drogue au commerce des
Indes , & son origine est douteuse. Suivant les
renseignemens les plus vraisemblables , on la tire
toute formée de quelques grottes & autres exca-
vations de la terre dans la Perse , le Thibet , &
dans l'île de Ceylan. On prétend en avoir rencontré en Saxe. Il y a , de plus , quelque apparence de la trouver en Italie , puisque les eaux
de quelques lacs de ce pays contiennent de l'acide
boracique. Cet acide , en état concret , crystallisé

en petites paillettes blanches , est connu en pharmacie sous le nom de *Sel sédatif de Homberg.*

Le tincal, ou borax brut , est mêlé d'une matière grasse inconnue , mais qui paroît propre à le conserver. On le raffine en Hollande , & même depuis quelque temps en France. Ainsi purifié , il se couvre à l'air d'une sorte d'efflorescence qui altère un peu sa qualité.

On sait que la soude boratée est employée en docimacie comme flux, servant à fondre presque toutes les autres substances minérales , même au chalumeau , & formant avec elles des vitrifications différentes qui servent à les distinguer ; c'est pourquoi qu'elle est aussi quelquefois employée dans les verreries, en petite dose , pour déterminer la fusion. Mais son usage le plus fréquent est pour la *soudure des métaux.* « Sa vertu fondante ramollit les points de contact des métaux qu'on veut réunir , & facilite ainsi leur adhésion ou leur alliage. C'est encore par son intermède que l'on applique les ors de couleur sur le bijoux. On emploie ordinairement le jet de flamme dirigé par le chalumeau pour fondre le borax , dont on a saupoudré les surfaces métalliques que l'on veut unir. « Dans les ouvrages délicats , le *verre* de borax est quelquefois préféré , parce qu'il n'a pas le défaut de se boursouffler en fondant, comme le borax pur.

Le *Sel sédatif* de la pharmacie est de l'*acide*

boracique obtenu par la dissolution du borax dans de l'eau chaude, légèrement acidulée par l'addition d'acide sulfurique, & évaporée ensuite jusqu'à crystallisation. Quelques auteurs citent un *Sel sédatif natif* (1), dont on a trouvé le terrain imprégné près des lacs de Sienne & de Volterane dans le pays toscan.

La Soude carbonatée, ou *le Natron* des anciens chimistes s'obtient difficilement en crystallisation, & *Hauy* donne seulement, comme un soupçon, que la forme primitive doit être un octaèdre à bases rhombes, qui se sous-divise en divers sens. Mais cette substance est suffisamment caractérisée par ses propriétés physiques & chimiques, telles que la saveur urineuse, l'effervescence avec l'acide nitrique, la teinte verte que son mélange donne au syrop de violettes, de même qu'il trouble les dissolutions des terres & des métaux dans les acides; l'efflorescence à l'air & la solubilité facile dans l'eau, savoir : dans un poids égal d'eau bouillante, & dans le double d'eau froide. La couleur est blanche, avec translucidité.

L'analyse, d'après *Bergmann*, donne 20 centièmes de soude, 16 d'acide carbonique & 64 d'eau.

Le natron est très-abondant en Egypte, où il se produit souvent ensemble avec le sel com-

____

(1) *Borax sedativa.* Gmelin,

mun, dans quelques lacs (1) de l'intérieur du pays.
Il se montre en aiguilles dans les grottes du
Caucase & de Ténériffe. En Europe il se rencontre
auſſi dans quelques eaux minérales & thermales,
comme par exemple celles de *Vichy*, dans le
Bourbonnais, en France, mais ſurtout à *De-*
breczin, en Hongrie, où il couvre la ſurface du
terrain en forme d'effloreſcence, telle qu'on en
rencontre partout ſur les vieux murs (2), &
dans laquelle la ſoude carbonatée ſe trouve quelquefois mêlée à la potaſſe nitratée & à la chaux
nitratée. Lorſque la ſoude carbonatée eſt mêlan-
gée de chaux, on lui donne le nom d'*Aphro-*
natron.

La ſoude d'Alicante & celle d'Irlande, provenant, comme nous l'avons obſervé plus haut,
de la lixiviation des cendres de la *Salsola sativa*
& *soda*, & qui ſe tire auſſi des plantes du genre
Salicornia de *Linné*, forment une ſoude carbonatée avec excès de baſe, quoique l'on la regarde communément comme de la ſoude pure.

" La facilité avec laquelle la ſoude carbonatée
entre en fuſion, l'a fait préférer à la potaſſe dans
quelques manufactures de verre. Mais ſon emploi
le plus répandu eſt la préparation du ſavon

---

(1) *Natrum antiquorum*, L. Le *Natrum acidulare*
de Gmelin n'en eſt qu'une variété.

(2) *Natrum murorum*, L.

blanc, où elle entre avec l'huile d'olive & la chaux, qui dans le fond ne sert qu'à enlever l'acide carbonique à la soude & l'amener au degré de pureté, nécessaire pour agir sur l'huile & se combiner avec elle.

En médecine, la soude carbonatée, ou sel alcali marin, est connu par sa vertu apéritive, surtout dans les obstructions du foie.

On le prépare, en dissolvant la soude du commerce, dans de l'eau chaude, que l'on filtre, fait crystalliser, & on l'expose ensuite à un air sec & chaud, jusqu'à ce que les crystaux tombent en efflorescence. Les anciens se servoient de sa dissolution, en agriculture, pour tremper les grains avant que de les semer, afin de faciliter la germination & augmenter la récolte.

La Soude sulfatée (1) est d'un goût amer & refroidissant ; se dissout difficilement dans l'eau froide ; ne fait effervescence avec aucun acide ; exhale au chalumeau une forte odeur d'acide sulfurique, & se fond avec facilité : sa crystallisation naturelle est en aiguilles difficiles à déterminer ; mais dissoute dans l'eau, elle se récrystallise en prismes à six côtés inégaux, qui cependant tombent bientôt en efflorescence à l'air.

____

(1) *Mirabile*, L.

La *Soude sulfatée native* (1) se rencontre quelquefois sèche dans le voisinage des salines & sur des masses calcaires, ensemble avec la soude carbonatée ; mais le plus souvent elle se trouve dissoute dans les eaux thermales, comme par exemple à *Carlsbad*, & dans quelques sources salées. Elle fournit à la médecine un excellent remède calmant & apéritif. Faute de la soude sulfatée native, la pharmacie en prépare une artificielle, connue sous le nom de *Sel de Glauber*, & qui remplace parfaitement l'autre. On l'obtient en dissolvant dans de l'eau bouillante la masse de sel commun imprégné d'huile de vitriol, ayant servi à la préparation d'*Acide muriatique*, en filtrant le liquide & en le faisant crystallisér. Ces crystaux ne se conservent bien que dans un endroit frais & dans un vase bien bouché.

Quelques auteurs citent encore trois espèces formées par des mélanges de *Potasse* (2) de l'*Ammoniaque* (3) & de *Soufre pur* (4) ; mais comme des combinaisons accidentelles semblables pourroient s'étendre à l'infini, l'on ne doit les considérer que comme des variétés.

----

(1) *Mirabile genuinum.* L. *Sal neutrum compositum alcali minerali & acido vitriolico.* Wallerius.

(2) *Mirabile potassinum.* Gm.

(3) *M. volatile.* Gm.

(4) *M. sulphureum.* Gm.

L'*Ammoniaque* a été nommé alcali volatil, en opposition avec les alcalis fixes, favoir : la potasse & la foude, qui supportent une grande chaleur avant que de se diffoudre en vapeurs, au lieu que l'ammoniaque se volatilise facilement, même à la température moyenne de l'atmofphère, & répand une odeur vive & suffocante. La décompofition par l'étincelle électrique a mis en évidence, que l'ammoniaque est un composé d'azote & d'hydrogène, & l'on en conclut que la nature des autres alcalis est la même. L'ammoniaque, en état de gaz & de fluidité, se trouve souvent dans la nature produit par la putréfaction des matières animales ; mais en état folide, on n'en connoît qu'un seul composé, savoir :

L'*Ammoniaque muriaté* ou sel ammoniacal des pharmacies, ayant pour cryftallifation primitive l'octaëdre régulier, & pour molécule intégrante le tétraèdre, mais le plus souvent trop minces pour être bien diftingués. La cryftallifation en plume préfente à la louppe une férie confufe d'octaëdres implantés dont les fils ont une certaine élafticité.

Dans le commerce on ne voit guères ce sel qu'en gâteaux, en maffes informes un peu ftriées dans leur intérieur. La couleur est blanche, grifâtre & tranflucide. La saveur est urineufe & piquante. Dans le feu, on voit ce sel se volatilifer en fumée. Il se diffout dans son poids d'eau bouillante , & dans six fois autant d'eau froide. Son analyse donne 40 centièmes d'ammoniaque, 52 d'acide muriatique & 8 d'eau. La terre produit l'ammoniaque muriatée en efflorescence ou en forme pulvérulente (1) dans quelques pays de l'Orient ; mais celui qui nous vient d'Egypte est l'ouvrage de l'industrie humaine. Elle se retire, par sublimation, de la suie, provenant de la fiente séchée des bestiaux qui sert de combustible dans ce pays. La sublimation s'opère dans de grands vases de verre , bien fermés, & que l'on échauffe par degrés. Comme le produit de cette première sublimation est encore plus ou moins souillé par la fumée, on le purifie dans nos pharmacies en le dissolvant dans de l'eau , en filtrant sa dissolution , & la faisant subir une nouvelle crystallisation.

On fabrique aussi ce sel en Europe, & même dans nos départemens voisins, comme par exemple à *Jemmappes* , près de Mons, & à *St.-Sauveur* , près de Valenciennes.

Le procédé est bien simple. " On pairrit, avec une certaine portion de terre glaise , 2 ou 3 fois son volume de suie de cheminée, & 10 à 12 fois son volume de houille pilée ; le tout détrempé dans une quantité suffisante d'eau saturée de sel

---

(1) *Natrum volatile.* Wallerius, Le *Halinatrum* du même auteur n'en est qu'une variété.

commun. On en fait, dans un moule, des bri-
quetes ovales, d'environ un demi pied de longueur fur moitié de largeur & quart d'épaiffeur.
On les entrelace convenablement pour bien brûler
dans un fourneau fait exprès, pour en contenir
16 ou 20, en y ajoutant quelques os deffechés,
& l'on bouche l'ouverture par le moyen d'un
carreau de terre cuite, les jointures luttées avec
des cendres humectées.

» Chaque four eft furmonté d'une niche de con-
denfation, 3 fois auffi large & 10 fois auffi haute,
avec laquelle il communique par un tuyau ou
fimplement par un trou. La niche eft également
bien fermée, à une petite ouverture près au pla-
fond, communiquant avec une forte de caiffe,
dont un côté s'ouvre dans la cheminée. Après plufieurs mois d'un feu continuel, entretenu de cette
manière, c'eft fur les parois de la niche de con-
denfation que fe dépofe la meilleure portion de
l'ammoniaque muriaté, qui eft le produit de la
combuftion ; la plus groffiere fe trouve au fond
de la niche ou bien dans la caiffe horizontale
au-deffus, & par laquelle la fumée fuperflue
s'échappe vers la cheminée.

Mais le premier produit eft mélangé de fuie
& de bitume. Pour l'épurer, on le chauffe à un
feu foutenu pendant deux jours dans des vafes
d'argile en forme d'un œuf, & placé dans un
four convenable, après que leurs ouvertures au

fommet ont été bien lutées & couvertes de cendres épaiffes.

Le réfidu, encore fali par quelque mélange, eft foumis à une nouvelle fublimation.

Si l'opération fe continue de même l'année entière, l'on peut évaluer le produit de chaque fourneau à 800 livres d'ammoniaque muriaté pur, qui fe vendent en Hollande un florin la livre, mais qui valent le double ailleurs. Quant aux frais, en matière première, on porte la confommation journalière de fel commun pour chaque fourneau à environ 5 livres pefant, celle de houille 12g. La fuie de cheminée & les os coûtent peu de chofe.

Pour de plus amples détails on pourra confulter le mémoire de *Baillet*, dans le *Journal des mines* de Meffidor de l'an 3.

En mêlant du fel ammoniac avec de la glace pilée, & en entourant de ce mélange un vafe contenant de l'eau, cette eau fe congèle fubitement, & le froid augmente de 22 degrés centigrades.

Dans les arts, le fel ammoniac fert à préparer le fer & le cuivre pour l'étamage, en enlevant les oxides dont ils peuvent être chargés, & en les préfervant de toute nouvelle oxidation, par le principe huileux qu'il contient, provenant de la fuie.

Il fert auffi dans les teintures à convertir l'acide

nitrique en acide nitro-muriatique. Pour cet effet,
on diffout dans l'acide nitrique jufqu'à un huitième de fon poids d'ammoniaque muriaté, fi
l'on veut l'avoir très fort, & pour l'avoir plus
foible une moindre quantité jufqu'à un feizième,
felon le befoin.

A la fuite des fubftances alcalines fe place
naturellement une production qui contient toujours effentiellement un peu d'alcali : c'eft l'ALUN,
ce fel précieux aux arts, & pour la préparation
duquel l'art prête de grands fecours à la nature.
Ce n'eft pas que l'alun ne fe rencontre tout pré-
paré dans fon état naturel; mais la quantité de
l'*Alun natif* eft trop peu confidérable pour tous
les befoins du commerce, ce qui rend fon exploitation artificielle néceffaire.

Dans les deux cas, la fubftance eft à peu près
la même. Elle contient, d'après *Vauquelin*, 49
centièmes d'*Alumine*, combinée avec l'*Acide fulfurique*, 7 centièmes de *Sulfate de potaffe*, &
44 d'*eau* de cryftallifation. L'alun eft donc un
Sulfate d'alumine alcalin.

Avant l'analyfe faite par ce chimifte célèbre,
on regardoit l'alun du commerce comme un fulfate d'alumine pur. Mais il eft certain qu'il contient de plus, tantôt un peu de potaffe, tantôt de
la foude, & même quelquefois de l'ammoniaque.

La faveur de l'alumine fulfatée eft aftringente,
douceâtre. Pour fa folution aqueufe, il faut feu-

lement la moitié de son poids d'eau bouillante ; mais 18 fois autant d'eau froide ; au feu, elle se liquifie avec bourfouflement.

La forme primitive, auffi bien que la plus commune, eft l'octaëdre régulier, ou deux pyramides à quatre facettes égales, joints enfemble par leur bafe. La molécule intégrante eft le tétraëdre régulier.

Les cryftaux d'alun font rares dans la nature, & ceux que l'on trouve font en filamens fi déliés, qu'il eft très difficile d'y reconnoître les féries d'octaëdres implantés. Les faiffeaux de pareils filamens, que l'on voit dans les cabinets, font connus fous le nom d'*Alun de plume* (1). *Tournefort* en avoit apporté du Levant ; mais il s'en rencontre auffi fur le continent de l'Europe, furtout dans la mine d'Idria, en Carniol ; & les fibres rangées paralellement en ont un éclat foyeux (2).

L'alun du commerce eft chez nous le produit de l'art. On le retire des terres qui en contiennent les principes.

Quelques terrains volcaniques d'Italie offrent une exploitation facile de ce fel tout formé. A Solfatara, près de Puzzolo, la terre, confiftant en une argile moile, en eft tellement imprégnée (3).

---

(1) *Alumen nativum*. L.
(2) *A. halotrichum*. Gm.
(3) *A. terreum*. Wallerius.

qu'en la leſſivant on obtient de l'alun pur dans
la cryſtalliſation. Cette opération eſt d'autant
moins frayeuſe, que le ſol y a naturellement
une chaleur de 47 degrés centigrades, de ſorte
que l'on n'a qu'à y enfoncer la chaudière
pour avoir la température néceſſaire à la lixiviation.

Il y avoit autrefois une manufacture d'Alun
près de Rome, où l'on tiroit ce ſel d'une
terre durcie, que l'on ſoumettoit à la lixiviation. De-là ſe derive le nom d'*Alun de Ro-*
me (1), que l'on donne à ce ſel, qu'on peut extraire partout par le même procédé, mais cette
exploitation eſt ſouvent plus compliquée.

Ce que l'on nomme *Alun de glace*, eſt le produit de la décompoſition du fer ſulfuré ou pyrite ferrugineux, donnant lieu à la formation de
l'acide ſulforique, dont la combinaiſon avec des
ſchiſtes argilleux (2) fournit ſouvent l'exploitation de ce ſel, que l'on a nommé auſſi *Alun de*
Roche, d'après le nom d'une ville de Syrie,
d'où le procédé, employé à cette extraction a été
apporté en Europe.

Les mines d'alun du pays de Liége, célèbres
par leur richeſſe & par l'ancienneté de leur exploitation, ſont formées de ſchiſte pyriteux Ces

____

(1) *Alumen romanum.* L.
(2) *A. commune.* L.

mines bordent la rivière de la Meuse dans une étendue de cinq lieues, depuis Liège jusqu'à Huy. Ce sont celles de la rive gauche qui sont les plus abondantes.

Ces schistes alumineux sont placés des deux côtés de la rive entre des couches de pierres calcaires & de grès micacé, alternant avec des couches de houille. Leur position est presque verticale, de sorte que l'on pourroit croire qu'ils auroient formé dans leur origine une même suite de couches horizontales, qui, minées d'abord par un courant d'eau souterrain, se seroient écroulées en se divisant, pour ouvrir un passage à la rivière.

Ces mines sont exploitées par plusieurs sociétés marchandes, & peuvent produire, année commune, environ deux millions de livres d'alun.

Pour la fabrication de l'alun, il faut trois substances distinctes, la *terre alumineuse* ou l'argile, l'*huile de vitriol* & l'*alcali*.

Lorsque, dans le minéral employé, il manque une de ces substances, il faut y suppléer artificiellement. C'est là tout le secret de cette opération.

L'alun est d'un grand usage dans la teinture, comme *mordant* ou intermède d'adhérence du principe colorant à l'étoffe : c'est à dire, que, trempée dans une lessive de ce sel, l'étoffe reçoit plus facilement la couleur & s'identifie, pour

ainsi

ainsi dire, avec elle. Il y a cependant des couleurs qui ne prennent pas aussi bien avec l'alun seul que lorsqu'on a passé l'étoffe dans une dissolution astringente avant que de l'aluminer.

L'on a fait la remarque que le bois trempé dans une dissolution aqueuse d'alun, & séché après, ne s'enflammoit que difficilement. Ce moyen pourra servir, en certains cas, comme préservatif contre le feu.

L'alun sert dans les papeteries pour y tremper le papier à écrire, afin qu'il ne boive pas. L'alun sert dans la médecine extérieure, pour arrêter l'hémorragie des petits vaisseaux ; & calciné, il est employé en chirurgie, pour restreindre les chairs qui se boursoufflent.

Il existe dans la nature une espèce d'alun combiné avec l'acide muriatique (1). On le voit près de Sienne, dans le Florentin, sortir de la terre, dans les chaleurs de l'été, comme une efflorescence pulvérulente blanchâtre ; son goût diffère de l'alun & approche de celui du sel marin.

On trouve dans les mêmes contrées de l'alun dissout dans les eaux stagnantes (2).

L'*Alumine fluatée alcaline*, nommé aussi cryoli-

____

(1) *Alumen muriaticum.* Gmelin.
(2) *A. solutum.* Gmelin.

E

the ou *Glace pierre*, a pour forme primitive le prisme rectangulaire. Sa pesanteur est près de 3 fois celle de son volume d'eau. La couleur est blanchâtre avec translucidité. La cassure écailleuse, & sa dureté est entre la chaux fluatée & la chaux carbonatée ; elle se laisse rayer par la première & raie la seconde. Elle est insoluble dans l'eau ; mais réduite en petits fragmens, elle y acquiert, après quelques immersions, une apparence gélatineuse, qu'elle perd peu à peu en séchant.

Quant à sa fusibilité au feu, elle en éprouve un commencement à la simple approche de la flamme d'une bougie, & coule comme de la glace fondante.

L'analyse de *Klaproth*, confirmée par *Vauquelin*, donne à cette substance 23 centièmes d'alumine, 36 de soude & 40 d'acide fluorique avec de l'eau.

Ce minéral a été découvert en Groenland, & communiqué à *Haüy* par M. *Abilgard*, chimiste danois.

Pendant que nous nous occupons des sels naturels, nous examinerons encore le sel d'Epson, connu par son goût particulier très-amer & par l'usage fréquent qu'on en fait en médecine. Si on le soumet à l'analyse, l'on trouvera une composition d'*Acide sulfurique* & d'une terre en fécule blanche, légère & douce au toucher, ou cette *Magnésie* déjà décrite à l'article du spate soyeux.

Le sel d'Epsom (1) est donc une MAGNÉSIE SULFATÉE, d'une consistance lamelleuse, à cassure conchoïde ou en bosse, couleur blanchâtre avec peu de transparence. La magnésie sulfatée est fusible à un léger degré de chaleur, sans détérioration ni de crépitation au feu, & quoiqu'elle ne soit pas naturellement déliquescente, elle se dissout dans la moitié de son poids d'eau chaude & dans moins de quatre fois autant d'eau froide.

Son analyse, faite par *Bergmann*, indique 19 centièmes de *Magnésie*, 33 d'acide sulfurique & 48 d'eau de crystallisation.

Sa forme primitive, en prisme à quatre côtés, se divise en deux par la ligne diagonale ; la molécule intégrante est le prisme triangulaire à base rectangle.

Les différentes crystallisations déterminées de ce sel sont formées par le secours de l'art ; mais dans la nature il ne se rencontre guères qu'en tissu fibreux ou bien en état pulvérulent, comme on l'a trouvé sur les parois d'une carrière de gyps à Mont-Martre. Suivant le témoignage de Chaptal, dans ses *Élémens de Chimie*, une montagne de la ci devant Rouergue doit en offrir une exploitation abondante.

---

(1) *Amarum genuinum.* L.

E 5

L'ufage de la magnéfie fulfatée en médecine eſt connu.

La *Magnéfie boratée* ou ſpate boracique de *Bergmann* (1) ſe cryſtallife primitivement en cube irrégulier, ayant la molécule intégrante de la même forme, & la caſſure un peu ondulée. Sa peſanteur eſt deux fois & demie ſon volume d'eau, & ſa dureté eſt aſſez conſidérable pour rayer le verre. Elle devient électrique par la chaleur, & ſe fond au chalumeau en un émail jaunâtre, qui, par un feu prolongé, jette des étincelles.

L'analyſe, faite par *Weſtrumb*, a donné 68 centièmes d'acide boracique ſur 13 de magnéfie, mêlée de 11 centièmes de chaux & de 8 d'autres ſubſtances.

La couleur eſt ordinairement griſe, tantôt blanchâtre & tantôt tirant ſur le violet.

La tranſparence eſt variable, & diminue juſqu'à l'opacité.

La magnéfie boratée ne s'eſt rencontrée juſqu'ici que dans une carrière de chaux fulfatée d'une montagne près de la ville de Lunnebourg, dans le duché de Brunſwick.

Une ſubſtance qui reſſemble beaucoup à une combinaiſon calcaire acidifère, c'eſt la BARYTE,

---

(1) *Boracites cubiens.* Gmelin.

qui, d'après la signification de ce nom, pourroit
fort bien être nommée en français la *Pesante*,
pour indiquer la qualité qui la distingue principalement de toute matière calcaire, & qui lui
avoit fait donner le nom trivial de *Spate pesant*.
L'on connoit de cette substance deux différences
essentielles. L'une, faisant de l'effervescence avec
l'eau-forte, décèle une combinaison avec l'*acide
carbonique*, & l'autre dégage de l'*acide sulfurique*
par l'action du feu. Toutes les deux, soumises à
une calcination qui les sépare de leurs acides respectifs, se trouvent réduites en une poussière blanche, pesante, très-fine, qui ne fait
point d'effervescence avec les acides. C'est la
Baryte pure.

La *Baryte sulfatée* est d'une pesanteur jusqu'à quatre fois & demie son volume d'eau, & sa dureté est
assez considérable pour rayer la chaux carbonarée,
quoique, comme elle, rayée par la chaux fluatée ;
prenant une teinte bleuâtre par la chaleur des forges, se dissolvant dans 900 fois son volume d'eau;
Sa grande affinité avec les acides & sa causticité ;
surpassant de beaucoup celle de la chaux, la fait
ranger par *Fourcroy* parmi les alcalis, & l'on peut
se fier à lui pour ce qui regarde la classification
chimique, quoique d'autres savans aient placé la
baryte parmi les terres.

Elle corrode visiblement les matières animales ;

& agir intérieurement comme poison. Sa pesanteur pourroit la faire regarder comme un oxide métallique , d'autant plus qu'elle accompagne souvent le mines de mercure, de zinc, d'antimoine & de fer.

La forme primitive de sa cryſtalliſation eſt le priſme très-court à baſe rhomboïdale, dont deux angles oppoſés font de 101 degrés & demi & les deux autres de 78 degrés & demi, les mêmes que ceux de la chaux carbonatée; mais le priſme de la baryte ſulfatée eſt droit , au lieu que celui de la chaux carbonatée eſt rhomboïdal comme ſa baſe , & penche d'un côté. La molécule intégrante eſt le priſme triangulaire, au lieu du quadrangulaire.

Elle ne fait point d'effervescence avec les acides. Au chalumeau elle ſe fond en un émail blanc très friable. La calcination la réduit en pouſſière blanche , qui chauffée répand une lueur rouge dans l'obſcurité.

Si , avant la calcination parfaite , on retire un fragment du feu, & le laiſſe refroidir , il produit ſur la langue un goût d'œufs gâtés. L'analyſe exacte de cette ſubſtance ſulfatée , donne 67 centièmes de baryte & près de 33 d'acide ſulfurique.

La cryſtalliſation primitive (1) eſt commune

---

(1) *Barytes vulgaris.* L.

dans la baryte de la Hongrie & de la Tranſyl-
vanie; mais elle y varie auſſi conſidérablement.
La *Trapézienne*, ou *en tables* inégales, ſe trouve
au Harz & en Saxe. L'*épointée* eſt de nos contrées, & ſe trouve dans les mines de cinabre
du duché de Deux-Ponts & du Palatinat, auſſi
bien qu'à Raya, en Auvergne, département du
Puy de-Dôme. Une cryſtalliſation, à 38 faces,
a été nouvellement découverte à Raya par
Lacoſte, profeſſeur à l'école centrale de Clermont-
Ferrand. Ce ne ſont toutes que des variétés d'une
même eſpèce de *Linné* & de *Wallerius*. Parmi
les cryſtalliſations, indéterminables, on remarque
la *Crête* (1), ou en crête de coq; la *Baccillaire* (2),
en baguettes ou en priſmes ſillonnés dans la longueur; la *radiée*, vulgairement *Pierre de Bologne* (3), de l'endroit d'où elle nous vient :
elle eſt en forme globuleuſe, rayonnée intérieurement du centre à la circonférence. La *Concré-
tionnée* (4), en mamelons & en zones, entremê-
lée quelquefois avec la chaux fluatée, ou bien
en bandes contournées comme les inteſtins, forme
qui lui a fait donner le nom de *Pierre de tripes*;

---

(1) *Gypſum criſtatum*. Wallerius.
(2) *Stangenſpat* des Allemands. V. Born. *Barytes
vulgaris aggregata in bacillos*. Gmelin.
(3) *Barytes Bononienſis*. L.
(4) *B. ſtillatitia*. Gmelin.

& enfin la baryte fulfatée *compacte* (1), qui n'affecte aucune forme déterminée.

On range auffi fous la dénomination de baryte fulfatée la pierre hépatique ou Leberftein des
Allemands, qui a plufieurs caractéres du fpate
pefant, joint des émanations fétides par l'action
du feu ou du frottement (2). Cette pierre fe
trouve avec l'argent natif dans les mines de
Kongsberg, en Norwège.

Les couleurs de la baryte fulfatée font très-
variées ; celles que l'on rencontre le plus fréquemment font le blanc & le jaune.

L'efpèce, dite *Pierre de Bologne*, fortement
calcinée, luit dans les ténèbres comme un charbon ardent, & reproduit le même phénomène auffi
fouvent qu'elle eft de nouveau chauffée. Une
pierre femblable que les Chinois nomment *Chékao*,
entre dans la pâte de leur porcelaine ; & c'eft le
feul ufage que l'on connoît de la baryte fulfatée.

La *Baryte carbonatée* eft une fubftance très-
rare, & que l'on n'a trouvée jufqu'ici que dans
le Lancashire, en Angleterre. Sa confiftance eft
lamelleufe. La caffure tranfverfale, écailleufe,
ondulée, & d'un afpect un peu gras. Sa pefanteur eft près de 4 fois & trois dixièmes fon vo-

____

(1) *Barytes compacta.* Gm.
(2) *Hepaticus squamosus.* L. Les autres efpèces citées par *Gmelin* ne font que des variétés.

lume d'eau, Infusible au chalumeau , elle fe
diffout avec une légère effervefcence dans l'acide
nitrique; mais avant la diffolution complète , elle
forme un dépôt d'une poudre blanche. La couleur de la pierre même eft blanchâtre , un peu
tranflucide , & tirant quelquefois fur le vert.
Son analyfe donne 74 $\frac{1}{2}$ centièmes de baryte fur
25 $\frac{1}{2}$ d'acide carbonique. La cryftallifation n'offre
le plus fouvent que des fillons confus , mais paroît quelquefois fe rapporter à des prifmes de
quatre ou de fix côtés. Les auteurs en citent
deux efpèces : la *Cryftalline* (1) , ordinairement
figurée en dehors & luifante en dedans ; & l'*Informe* (2) , qui fe rencontre en maffes, le plus
fouvent mêlées d'autres fubftances terreufes.

La baryte carbonatée eft un poifon pour les
animaux , & on l'appelle, en Angleterre , d'un
nom qui fignifie *Pierre contre les rats.* A la dofe de
15 grains elle a fait mourir un chien , fuivant
l'expérience de *Pelletier.*

Une autre fubftance très-difficile à diftinguer
du fpate calcaire & la baryte, c'eft la Strontiane, ainfi nommée du village de *Strontian* ,
en Ecoffe. Comme la baryte, elle n'exifte dans la
nature qu'en état de *Carbonate* & de *Sulfate*;
pour l'avoir pure , il faut la foumettre à l'action

---

(1) *Barytes lamellofa.* Gmelin.
(2) *B. Witheringii.* Gm.

E 5

d'un feu violent ; c'est alors une poussière blanche avec une légère teinte bleuâtre, brûlant sur la langue ; plus pesante que la chaux vive, mais un peu moins que la baryte ; communiquant à la flamme une couleur rouge, & formant des crystaux avec l'acide acéteux. Sa grande ressemblance avec la baryte ou *Terre pesante*, pourroit autoriser la dénomination française de *fausse pesante*, en place de celle de strontiane, qui est devenue insignifiante depuis que cette substance a aussi été trouvée ailleurs qu'à Strontian.

La *Strontiane sulfatée* est d'une consistance lamelleuse. Sa pesanteur est entre $3\frac{1}{2}$ à 4 fois son volume d'eau ; sa dureté entre celle de la chaux fluatée & la chaux carbonatée. Au chalumeau elle colore en rouge la pointe de la flamme qui en approche, & après la calcination elle a une saveur légèrement acide.

Nous avons observé que la baryte sulfatée, calcinée, en produit une très-désagréable, caractère qui joint à une légère différence de pesanteur, & une crystallisation plus marquée dans la strontiane, a servi à établir une distinction entre ces deux substances, long temps confondues ensemble.

L'analyse de la strontiane sulfatée, faite par *Vauquelin*, a donné 54 centièmes de strontiane & 46 d'acide sulfurique.

La forme primitive, d'après *Hauy*, est un prisme quadrangulaire à base rhombe, ayant deux angles opposés de 103 degrés, & les deux autres de 73. La molécule intégrante est le prisme triangulaire à base rectangle. Cette substance avoit été trouvée premiérement en Ecosse; mais on en a découvert depuis en d'autres endroits. *Dolomieu* en avoit rapporté de Sicile, crystallisée en dodécaëdre, & en octaëdre cunéiforme. La variété épointée a de même été trouvée à Mont Martre, près de Paris, aussi bien que dans une carrière de chaux près de St. Médard, département de la Meurthe, & une autre de tissu fibreux à Bonveron, près de Toul, même département. De ces mines, on a aussi eu des échantillons apportés d'Espagne & de Pensylvanie. Mont-Martre fournit de plus une variété en masses informes terreuses. On n'a pas vu des crystaux de strontiane sulfatée parfaitement transparens. La couleur est le plus souvent d'un blanc-de-lait; quelquefois aussi bleuâtre, surtout dans les variétés dodécaëdres & fibreuses.

La strontiane sulfatée avoit été méconnue jusqu'à ce que *Klaproth* en fit l'analyse, & y découvrit une terre alcaline particulière.

La *Strontiane carbonatée* est aussi un peu lamelleuse. Sa pésanteur est de trois fois & demie son volume d'eau, & sa dureté est à peu près la même que celle de la strontiane sulfatée; mais elle s'en distingue suffisamment par l'effervescence qu'elle fait avec l'acide nitrique ; & pour la distinguer de toute autre terre, il suffit de la flamme purpurine dont brûle la fusion au chalumeau.

L'analyse de la strontiane carbonatée donne 62 centièmes de strontiane pur, 30 d'acide carbonique, & 8 d'eau de crystallisation. Outre la crystallisation en prisme hexaëdre régulier, qui est la primitive, on rencontre encore de la strontiane carbonatée en forme d'aiguilles parallèles ou marquée de sillons. Sa couleur est le plus souvent blanchâtre, mais aussi quelquefois tirant sur le vert, toujours avec une certaine translucidité. On n'en a jusqu'ici des échantillons que des environs de *Strontian*. Les effets nuisibles, qu'on avoit vu de la baryte carbonatée sur l'économie animale, avoit engagé *Lepelletier* à faire des essais analogues avec la strontiane, & il ne lui a trouvé aucune propriété semblable. Son expérience, à cet égard, a aussi été vérifiée en Allemagne.

Toutes les substances que nous avons examinées jusqu'ici ne se rencontrent guères dans la nature qu'en combinaison avec un *Acide*, que l'on peut en séparer, soit par l'action du feu, soit par celle d'un autre acide plus fort. Il n'en est pas de même des matières *siliceuses*. Si leur analogie de formes, de physionomie & de contexture avec plusieurs substances acidifères ou salines, peut faire soupgonner une identité d'origine, du moins n'est-on jamais parvenu à s'en convaincre par l'analyse. Est-ce que cette réfiftance à l'action des moyens ordinaires de la chimie pourroit être attribuée à la forte cohérence des molécules filiceufes & à la *dureté* qui en eft le réfultat ? Nous favons que la filice eft la feule terre affez dure pour détacher, dans le choc avec le briquet, ces parcelles de fer rougies & enflammées que l'on nomme étincelles ; & que ce degré de dureté eft un caractère conftant des corps dans lefquels la filice prédomine, à moins que ce ne foit en combinaifon avec la *magnéfie*. Par cette même propriété, elle raie toutes les fubftances pierreufes décrites ci-deffus, & même tous les métaux. Elle eft électrique par frottement ; & quelquefois même par la feule chaleur. Sa pefanteur eft un peu plus de 2 ½ fon volume d'eau. Elle eft indiffoluble dans l'eau & dans tous les acides connus, excepté l'*acide fluorique*. Réduite en poudre très fine, elle s'unit cependant à l'eau en forme de gelée, & devient même tout à fait liquide par l'intervention d'un alcali. C'eft auffi par l'union avec la potaffe ou la foude, qu'elle devient foluble au feu pour former le verre. Refte à favoir fi le cryftal de roche, l'agathe, le jafpe, &c. ne font pas produits de l'une ou de l'autre manière. On pourroit au moins tirer cette conclufion d'une expérience du C. VAN MONS, de l'Inftitut national, qui, ayant

gardé, dans une cuvelle, une diſſolution ſiliceuſe
opérée à l'aide de la potaſſe, l'a trouvée, après
pluſieurs années, tout à fait deſſéchée & trans-
formée en cryſtaux ſiliceux.

On regardoit autrefois le *Quartz* & le *Silex*
pour deux ſubſtances diſtinctes ; mais l'analyſe chimique prouve que c'eſt une même terre en modi-
fications différentes ; ce qui arrive encore avec
d'autres ſubſtances, comme par exemple le fer,
que l'on voit tantôt en cryſtaux réguliers, &
tantôt en maſſes informes, tantôt en couches
concentriques, tout comme la ſilice. On pourra
donc ſe paſſer dans la langue françaiſe des
noms *Quartz* & *Silex*, qui ſe prêtent ſi difficilement aux flexions de cette langue, & qui en
défigurent la belle ſimplicité. Le *Quartz hyalin*,
de *Haüy*, peut fort bien être traduit *Silice vitreuſe*, ou ayant la caſſure brillante du verre.
L'on évite ainſi l'union diſparate d'un ſubſtantif
allemand avec un adjectif tiré du grec.

La cryſtalliſation qui ſe rencontre le plus fréquemment dans la ſilice, eſt le *Priſme à ſix pans*,
terminé par une pyramide à ſix facettes, le tout
ſillonné tranſverſalement. Mais les côtés du
priſme, auſſi bien que les facettes du pyramide
ſont de dimenſions inégales, de ſorte qu'il eſt
facile à voir que la forme primitive doit être
rhomboïdale. Quelquefois les priſmes ſont très-
courts ou nuls, & les pyramides nombreux réu-

mis en grouppes. On donne à ces masses de petits
crystaux le nom de *Druses*. Ces druses sont de
forme convexe sur des mamelons, & concave
dans l'intérieur des géodes. Les pyramides de
ces réunions sont le plus souvent à six facettes (1),
mais quelquefois ils sont si serrés, que leurs sommets n'offrent que l'apparence des coins d'un *cube*,
ce qui n'est cependant qu'une illusion, cette
forme n'appartenant point à la silice. Les crystaux
siliceux se rencontrent dans les cavités & crevasses
des roches calcaires & schisteuses, & quelquefois
aussi sur leurs fentes extérieures On en voit des
fréquens exemples dans les Pays - Bas, surtout
près de Jodoigne. Outre les crystallisations régulières on les rencontre aussi en stalactites, en mamelons & autres concrétions diverses, surtout en
des endroits volcaniques. Les plus belles se trouvent à Madagascar.

La *Silice informe* n'en diffère que par le défaut
de cryftallifation.

Le degré de *transparence* de la silice vitreuse varie avec les couleurs. Elle est *parfaite* dans la variété limpide ou cryftal de roche (2); dans la violette (3), ou *faux ami-*

---

(1) *Quartzum pyramidale.* L.
(2) *Qu. cryftallus.* L.
(3) *Qu. amethyftus.*

thyste (1) ; la bleue (2) , ou *Saphir d'eau* ; la jaune (3) , ou *Topaze de Bohême* ; l'orangée (4), ou *Topaze d'Espagne* ; la brune noirâtre (5), ou *Topaze enfumée* ; enfin la blanche (6) , ou *faux diamant*, crystallisée en deux pyramides à six facettes, non sillonnée transversalement, & la silice *irisée*, ou à reflets de plusieurs couleurs. Il n'y a qu'une simple *translucidité* dans la silice vitreuse couleur de rose (7), ou *Rubis de Bohême* ; dans l'hémathoïde, ou *Sanguin*, vulgairement *Hyacinthe de Compostelle* ; dans la verte obscure (8), ou la *Prase* ; la verte d'herbe (9), ou *fausse éméraude* ; la verte de mer (10), ou *fausse aigue marine* ; la pistache (11) , ou *faux péridot* ; la silice laiteuse, quelquefois crystallisée (12) & quelquefois informe ; & la *Silice*

---

(1) Le nom d'améthiste, emprunté du grec, signifie *sobre*, & exprime bien la couleur violette d'un vin rouge trempé d'une plus grande quantité d'eau.

(2) *Quartzum pseudo-saphirus.* Gmelin.

(3) *Qu. citrinus.* Gm.

(4) *Qu. pseudo-hyacinthus.* Gm.

(5) *Qu. morion,* Idem. *Rauch-topaz,* Wallerius.

(6) *Qu. pseudo-adamas.* L.

(7) *Qu. pseudo-rubinus.* W.

(8) *Qu. prasius.* W.

(9) *Qu. pseudo-smaragdus.* W.

(10) *Qu. pseudo-berillus.* W.

(11) *Qu. pseudo-chrysolythus.* L.

(12) *Qu. pseudo-chrystallus.* L.

grasse (1), le plus souvent informe, avec une apparence huileuse & à différentes couleurs, sont tantôt translucides & tantôt opaques ; il en est de même de la silice *avanturine*, consistant en une pâte le plus souvent de couleur rouge foncée, mais aussi quelquefois noirâtre, grise, verdâtre, brillantée de reflets jaunes ou argentins, lancés par des parcelles très-minces de silice vitreuse disséminées dans la masse. *Linné* avoit placé cette pierre parmi les agrégats, & peut-être avec raison. Elle est souvent imitée par une fusion vitreuse artificielle, mêlée de limaille de laiton ; composition dont on fait des vases & autres objets d'ornemens.

Hauy appelle *Silice aërohydre* (2), les morceaux de silice vitreuse renfermant *une goutte d'eau mobile* ; on en voit souvent des échantillons dans les cabinets.

La *Silice corrodée* (3), ou *Pierre meulaire*, se rencontre dans les cavités des roches, où probablement elle a été déposée par l'infiltration des eaux & formée grain par grain avec agglutination. Elle ressemble à du pain blanc poreux, &

____

(1) *Quartzum pingue*. L.

(2) Variété du *quartzum crystallus*. L.

(3) *Quartzum erosum, cellulosum* & autres de *Gmelin* ; mais *Linné* avoit rangé toutes ces variétés sous l'espèce *Arenarius conglomeratus*, que *Wallerius* nomme *Arenarius foraminulentus*.

ne reçoit point de polixure. Elle fert en bâtimens, mais furtout à des meules de moulin.

La *Silice vitreufe roulée* (1) eft un cryftal de roche dont les angles ont été effacés & arrondis par le frotement; elle eft de différentes formes, approchant plus ou moins de la fphérique. On la rencontre dans le voifinage des torrens, dont les eaux ont probablement contribué à l'arrondir.

Outre l'efpèce commune, qui n'eft que du cryftal de roche roulé, il fe trouve dans la Belgique une variété plus dure, & infiniment plus belle, connue fous le nom de *Cailloux de Fleurus* & *Pierres de Clabeck*, d'après les endroits où elle fe rencontre le plus fouvent. Ces pierres étoient autrefois très-communes à Bruxelles, où les payfans en apportoient des facs remplis; mais depuis que le gouvernement autrichien avoit fait publier une défenfe de les travailler, *pour prévenir l'abus qu'on en pouvoit faire en les vendant pour des diamans*, cet avis a fuffi à quelques bijoutiers étrangers, & les plus beaux *Cailloux de Fleurus* ont difparu. On n'en trouve plus chez les lapidaires que de très-petits. Il s'en rencontre de femblables près de Gand, hors la *porte St.-Livin*. Le cabinet du C. *Oudars*, confeiller de la préfecture, en poffède un très-beau taillé en brillant. Mais

---

(1) *Quartzum globofum.* L.

le plus grand nombre des pierres, qui se débitent à présent sous le même nom, ne sont que du cryslal de roche commun, d'une dureté & d'un éclat fort inférieurs, surtout lorsqu'il est taillé en facettes nombreuses. Les bijoutiers de Bruxelles le travaillent cependant d'une manière à lui donner l'apparence d'une pierre plus précieuse. On en fait des pendans d'*oreille*, des *cachets* & autres bijoux semblables.

Quant à la contexture *lamelleuse* (1) & *fibreuse* (2), qui se rencontre quelquefois dans la silice, on peut regarder la première comme formée par *Sedimens*, & la seconde à la manière des *Stalactites*.

Celle de contexture *grenue* (3) & *cassante* (4), décèlent peut-être une nouvelle réunion de matières siliceuses qui avoient subi une sorte de décomposition.

On rencontre quelquefois dans la nature de la silice *déformée*, pseudomorphique de *Hauy*, qui, avec tous les caractères physiques & chimiques de la silice, montre cependant une forme qui lui est étrangère. On trouve à *Passy*, près de Paris, de la silice vitreuse en formes *lenticulaires* ou en *crête de coq*, tout comme la chaux sulfatée. Dans les

---

(1) *Quartzum lamellosum.* L.
(2) *Qu. fibrosum.* Gm.
(3) *Qu. granulare.* L.
(4) *Qu. fragile.* L.

mines de Saxe & de Hongrie, l'on trouve souvent
de la silice en forme de *plaques rhomboïdales* (1)
& de *crêtes* (2), & dans celles de l'*Alsace* &
ailleurs on en voit de *cylindriques* (3). *Guyton* a
remarqué d'autres formes, empruntées de la *Chaux
carbonatée* (4), & l'*Agathe*, qui ne se crystallise
point naturellement, prend cependant quelquefois
des figures appartenantes de même à la crystallisation calcaire. Werner cite même une crystallisation de *caillou* en pyramide trièdre double (5).
Il y a deux manieres d'expliquer ce phénomène:
ou qu'une matière siliceuse ait été déposée par les
eaux dans un moule argilleux ou calcaire, qui,
formée sur un crystal d'une autre nature & qui
depuis s'étoit décomposée, avoit été laissée vide
& prête à recevoir l'infiltration siliceuse, qui,
endurcie avec le temps, est restée entière après la
destruction de son moule. Il seroit facile de concevoir cette opération par l'efflorescence des *pyrites*; on en voit encore tous les jours des
exemples dans le schiste qui sert à la fabrication
d'alun, dont nous avons déjà parlé. A cette ori-

---

(1) *Quartzum tabulare.* Gmelin.
(2) *Qu. cristatum.* Gm.
(3) *Qu. cylindricum.* Werner.
(4) Voyez les *Annales de chimie* du 30 Germinal
an 7.
(5) *Pyromachus crystallinus.* Gmelin.

gine nous pouvons attribuer, avec beaucoup de vraisemblance, la *Silice vitreuse cubique* (1) que l'on a trouvée dans la vallée de *Byoux* de la Savoie & ailleurs ; passe encore, pour celle en *deux pyramides tétraèdres* réunis par leur base (2), que l'on a trouvée en Saxe, & dont la forme, empruntée peut être de la *Soude muriatée*, se reproduit même dans une autre espèce, quoique de manière différente ou par *incrustation extérieure* (3), représentant une sorte de boîte transparente formée de deux trémies ; crystallisation singulière, dont on a vu des exemples en Saxe, aussi bien qu'en Suède & en Islande ; mais c'est plus difficile à expliquer comment le *Gyps* & *le Spate calcaire* aient pu évacuer leurs moules pour les céder à la *Silice vitreuse*.

S'il faut donc avoir recours à une autre explication, ne pourroit-on pas croire que l'action *d'un acide inconnu ait changé les crystaux de chaux carbonatée & sulfatée en silice* ?

Les crystallographes penchent pour la première explication ; mais l'observateur de la nature trouve aussi quelque apparence de probabilité pour la seconde, surtout lorsque l'on examine des ursins, des cornes d'ammons & autres variétés de silice con-

---

(1) *Quartzum cubicum.* Gm.
(2) *Qu. octaëdrum.* Gm. *Alumen quartzosum.* L.
(3) *Qu. stillatitium.* L.

chyloïde, dont souvent une portion est agathisée, tandis que le reste de la même pièce est calcaire, sans qu'on y trouve d'ailleurs aucune marque de séparation ni de dissemblance dans la pâte & dans les couleurs; on peut y ajouter encore le *Bois agathisé*, nommé *Holzstein* par les Allemands, qui porte des marques trop visibles de l'identité du bois, pour que l'on puisse jamais se persuader que le bois ait disparu, & qu'une matière siliceuse ait pris sa place par infiltration. Il seroit possible que le moule eût conservé les traces parfaites des fibres extérieures; mais comment auroit-elle transmis les couleurs, & les couches concentriques qui marquent dans l'intérieur la croissance, que l'on voit cependant très - souvent dans le bois pétrifié? Il est donc plus vraisemblable que la matière primitive est toujours là, mais qu'elle a changé de manière d'être par l'infiltration d'une solution siliceuse, opérée par la nature d'une manière cachée, aussi bien que l'art produit la liqueur des cailloux à l'aide de la soude.

La *Silice résinite* (1) de *Hauy* n'est point d'une cassure brillante comme le verre, mais *luisante* comme celle de la résine, & portant les marques d'une contexture ondulée, ou conchoïde. Elle contient un peu de magnésie.

---

(1) *Opalus.* L.

La *Silice résinite commune* (1) ou pierre de colophane de *Delisle*, consignée par *Daubenton* sous le nom de *Pierre de Poix*, empruntée du *Pechstein* des Allemands, est généralement peu translucide, & de couleurs différentes, un peu sales, quelquefois veinées. On en trouve une variété grise en masses tuberculeuses à *Menil Montant*, & une autre à *Saint Ouen*, près de Paris. On la rencontre aussi près de *Mons* & ailleurs en tubercules ou en filons dans un terrain argilleux.

La *Silice résinite hydrophane* (2), ou transparente dans l'eau, n'a autrement que peu de translucidité avec une couleur blanchâtre, quelquefois tirant sur le rouge ou sur le jaune ; mais dans l'eau elle s'en imbibe & participe de la transparence de ce fluide, même quelque temps après en avoir été retirée. Les anciens nommoient cette pierre *oculus mundi*. On la trouve dans les fentes & cavités des roches primitives remplies par infiltration d'une matière siliceuse différente des premières masses. On a découvert de beaux hydrophanes à *Châtellaudren* en France.

La *Silice résinite opaline* (3), nommée commu-

____

(1) *Opalus piceus.* Gm.
(2) *O. hydrophanus.* L.
(3) *O. vulgaris.* L.

nément *opale*, est de couleur laiteuse, avec des reflets irisés, formés probablement par des gerçures dans l'intérieur de la pierre.

Celles de Hongrie sont les plus estimées. Elles ont le même gissement que la variété précédente.

La *Silice résinite girasol* (1) ou *Soleil tournant*, est une sorte d'opale d'un fond blanc-bleuâtre, d'apparence gélatineuse, d'où part un reflet plus concentré, & qui paroît mobile lorsque l'on tourne la pierre. La cause de ce phénomène est la même que celui de l'*opalin* commun, c'est-à-dire la division des rayons de lumière par les inégalités du fond, qui donnent l'effet du prisme de *Newton*. Des curieux, qui ont cassé la pierre pour chercher une autre cause, n'ont rien trouvé, excepté que l'effet avoit totalement disparu.

A ces espèces connues de *Linné*, les Allemands ont ajouté l'*opale cire* (2) (wachsopal), qui se distingue en effet par une grande ressemblance à de la cire jaune, & l'*opale ligneux* (3) (holzopal), ayant la contexture du bois, mais la surface opalisée.

---

(1) *Opalus nobilis*. L.
(2) O. *cereus*. Werner.
(3) O. *ligneus*. Gmelin. *Résinite xyloïde de* Haüy.

La

La *Silice terne* est d'une cassure qui n'est ni brillante comme le verre , ni luisante comme la résine ; elle offre des formes & des couleurs très-variées, dans une pâte plus ou moins fine, plus ou moins translucide. Les variétés plus grossières sont connues sous le nom de *Caillou* (1), & les fines se rangent sous le nom d'*Agathe* (2), qui signifie *la bonne Pierre* ; & du *Jaspe* (3) ou la *Pierre noble.*

Le caillou est communément de forme arrondie, applatie, composé de *couches concentriques.* Cassure écailleuse, concave ou convexe, avec un peu de *translucidité* sur les bords minces des fragmens. Il y en a dont l'extérieur porte une apparence de craie (4), & qui en-dedans sont d'une couleur grise, rousse, ou jaune enfumée ; c'est la pierre à feu ordinaire. Il y en a d'autres de couleurs transparentes en-dehors, & variées à l'infini, quoique le plus souvent blondes. On en rencontre même qui sont *veinés*, *œillés*, *herborisés* comme les agathes, & qui en approchent par la translucidité (5).

Les cailloux forment des bancs sur les bords

---

(1) *Pyromachus.* L.
(2) *Chalcedonius.* L.
(3) *Jaspis.* L.
(4) *Pyromachus cretaceus.* L.
(5) *Pyrom. semi-pellucidus.* L.

F

de la mer , & dans l'intérieur des terres anciennement couvertes d'eau. Ils se trouvent aussi éparses
dans des couches de craie ou incrustées dans une
autre pâte siliceuse; dans le dernier cas ils forment
les poudings. La variété blonde des cailloux se
façonne avec un art particulier pour les armes à
feu. Le procédé est décrit dans un mémoire de
Dolomieu lu à l'Institut national.

La *Silice agathe* est aussi formée de couches
concentriques , soit sphéroïdales , soit en stalactites.

L'*Agathe en stalactite* montre dans sa coupe le
profil des différentes zones dont il est formé. Les
anciens l'ont désignée sous le nom d'*Onix* (1),
qui signifie *Ongle*. Une pierre semblable , dont les
zones sont alternativement colorées , translucides & blanches presque opaques , fournit à
l'art le moyen de présenter des figures sculptées
en bas relief sur un fond de couleur différente ,
comme on en voit tant d'exemples parmi les
pierres antiques.

L'*Agathe rubanée* (2), formée de bandes , différentes en couleur & en degré de translucidité ,
paroît aussi être une sorte de stalactite plus grossière. On en a trouvé dans les montagnes du
Palatinat , sur les bords du Rhin & ailleurs.

---

(1) *Chalcedonius onix.* L.
(2) *Chalced. fasciatus.* Gmelin.

L'*Agathe sphéroïdale* est quelquefois en boules creuses, nommée *Géodes*, dont l'intérieur est tapissé de crystaux en silice vitreuse ; & quelquefois *solides*, de manière cependant à renfermer souvent un noyau de matière différente, soit siliceuse, soit calcaire.

On distingue encore les espèces suivantes :

L'*Agathe calcédoine* (1), d'une transparence nébuleuse, couleur cendrée, blanchâtre ou bleuâtre, comme on en trouve quelquefois formant une croûte sur les crystaux de silice vitreuse.

L'*Agathe cornaline* (2), d'un beau rouge, plus ou moins foncé, avec la translucidité de la cerise.

L'*Agathe sardoine* (3), de couleur orangée, quelquefois très-pâle, & quelquefois avec une teinte brune.

Le *Sardonix* est d'une pâte semblable, entrecoupée de zones blanches. Les mêmes zones, dans une calcédoine ou cornaline, lui font donner le nom de *Calcédoine onix*, *cornaline onix*, &c.

L'*Agathe chrysoprase* (4), d'un vert clair & tendre, doit sa couleur à l'oxide de Nicole.

Suivant *Gmelin*, il existe aussi une agathe d'un

---

(1) *Chalcedonius genuinus.* L.
(2) *Chalced. carniolus.* L.
(3) *Chalced. sardius.* L.
(4) *Chalced. chrysoprasus.* L.

vert plus foncé (1), comme il y en a aussi d'autres couleurs, telles que la bleue (2), la jaune (3), la brune (4), la noire (5), & enfin la laiteuse (6), qui perd sa translucidité par l'action du feu.

L'*Agathe chatoyant*, vulgairement l'*Œil de chat* (7), ayant des reflets blanchâtres, qui partent d'un fond gris, brun ou verdâtre. Cette pierre avoit d'abord été rangée dans les agathes par *Linné*, & puis avec la silice alumineuse alcaline ou feldspar, par d'autres auteurs; mais l'analyse que *Klaproth* en a faite, prouve qu'elle est entièrement de la nature de l'agathe.

Dans l'assemblage des couleurs, sans reflet & sans ordre, on distingue l'agathe *veinée*, à deux couleurs seulement; la *panachée*, à veines d'un plus grand nombre de couleurs; l'*Agathe pontuée*, marquée de points sur un fond de couleur différente; de ce nombre est l'*Héliotrope* des anciens (8), avec des points rouges sur un fond

---

(1) *Chalcedonius viridis.* Gmelin.
(2) *Chalced. ceruleus.* Gm.
(3) *Chalced. luteus.* Gm.
(4) *Chalced. fuscus.* Gm.
(5) *Chalced. niger.* Gm.
(6) *Chalced. cacholonius.* Gm.
(7) *Feldspatum oculus-cati.* Gm.
(8) *Chalced. heliotropius.* Gm.

de vert-obſcur, & la *Gemme de St.-Etienne* (1),
tachetée de rouge ſur un fond blanc. L'agathe
herboriſte (2), ou *dentrite*, repréſente des figures d'herbes ou de petits arbuſtes, provenant
toutes d'une infiltration de magnéſie ou d'ochre,
dans les crevaſſes imperceptibles d'une pâte de
calcédoine, de ſardoine ou de cornaline, qu'on
nomme alors agathe calcédoine, ſardoine ou
cornaline herboriſée. Il arrive auſſi que cette
même pâte, en ſe formant, enveloppe des brins
d'herbes (3) & de mouſſe, ce que l'on a voulu
exprimer par le nom d'*Agathe mouſſeuſe*.

On rencontre parmi nos cailloux une matière
agathine, privée de tranſlucidité par le mélange
d'une argille opaque ferrugineuſe, formant enſemble une *Silice alumineuſe ferrifère*, nommée
communément JASPE. Il y en a d'abord de toutes
les couleurs dont l'oxide de fer eſt ſuſceptible (4), telles que le noir, le jaune, le rouge,
le violet, le bleu & le vert. Cette dernière eſt
connue ſous le nom de *Pierre à lancette*; lorſque
le vert eſt tacheté de rouge, on lui donne le
nom de *Jaſpe ſanguin*. Le mélange de pluſieurs
couleurs porte le nom de *Jaſpe panaché* ou

---

(1) *Chalcedonius maculatus.* Variété. *Gm.*
(2) *Chalced. dendriticus. Gm.*
(3) *Chalced. filiatitius. Gm.*
(4) *Jaſpis vulgaris.* L.

fleuri ; & l'enfemble de toutes ces couleurs eft défigné par le nom de *Jafpe univerfel*.

Le *Jafpe*, nommé *Caillou d'Égypte* (1) , fe diftingue par fes couleurs brunes & jaunâtres , différemment nuancées , & par le perfpective de fa coupe tranfverfale , repréfentant des grottes & des temples. Il arrive fouvent que la pâte du jafpe renferme des *endroits tranflucides* , de la couleur de la calcédoine , de la fardoine , & les zones blanches (2) de l'onix ; il prend alors le nom de *Jafpe-calcédoine* , *Jafpe-fardoine* , *Jafpe-onix* ; & fi le mélange eft confus, on le nomme tout uniment *Jafpe agathe* , ou *Agathe jafpé* , fuivant que l'un ou l'autre caractère prédomine.

Ce que l'on a nommé communément *Jafpe blanc* , doit être rapporté à l'agathe laiteufe, vu que fon analyfe n'indique point du fer.

Il fe rencontre dans les houillères incendiées une argile ochreufe , endurcie, reffemblant à du jafpe (3).

Le mélange métallique qui entre dans la pâte du jafpe le rend un peu fufceptible d'électricité par communication.

On rencontre quelquefois , difféminés dans nos campagnes, des morceaux d'une matière que l'on

___

(1) *Jafpis Ægyptiaca. L.*
(2) *J. fafciata. Gm.*
(3) *J. porcellana. Gm.*

jugeroit filiceufe, puifqu'elle étincelle fous le briquet & raie le verre, mais dont la contexture
diffère de toutes celles que nous avons examinées
jufqu'ici, & paroit marquée de caffures perpendiculaires les unes fur les autres, & formant des
fragmens quadrangulaires. Si on la foumet à
l'action du feu par le chalumeau, elle y fond
fans ébullition, & fe change en un émail blanchâtre. Si on la foumet à l'analyfe chimique,
comme l'a fait *Vauquelin*, on la trouve compofée
de filice jufqu'aux deux tiers ou environ, avec
un fixième de potaffe, mêlée avec un peu de
chaux, & un fixième d'alumine, plus ou moins.
C'eft donc une *filice alumineufe alcaline*, ou
fimplement *filice alcaline*, nommée *Feldfpate*,
d'après *Linné*.

Si l'on compare cette analyfe avec celle que
Vauquelin a faite d'une fubftance citée par *Hauy*,
fous le nom de *Talc granuleux*, on voit claire-
ment que ce minéral eft un vrai *Feldfpate granuleux*, formant une variété du feldfpate commun
de la dernière édition du *Syftême de Linné*. Le
peu d'oxide de fer & d'acide muriatique qu'on y
trouve peut être regardé comme un mélange
accidentel.

La *Silice alcaline* commune (1), fragmens
de quatre faces luifantes comme du verre,

______

(1) *Feldfpatum vulgare. L.*

est le plus souvent d'une blancheur laiteuse, nacrée, sans transparence, mais tirant aussi quelquefois sur le jaune, le rouge, le vert ou le bleu, sans crystallisation marquée. C'est la base des granits, & qui entre de même pour beaucoup dans les gneisses & dans les porphyres, dont elle forme les taches claires, qui relèvent le fond de leurs couleurs. On peut ainsi la regarder comme la partie dominante dans les montagnes primitives.

Les crystaux de *Silice alcaline nacrée*, décrits par *Hauy*, ne se rencontrent guères que dans les cavités des montagnes. Celle de St.-Gothard en fournit une belle espèce, transparente & nacrée, connue sous le nom d'*Adulaire* (1), dérivé du mot *Adula*, nom ancien de cette montagne. Les bijoutiers la nomment *Argentine*, lorsque les reflets nacrés, au lieu de partir de l'intérieur des crystaux, se répandent à la surface.

Les crystaux de l'Adulaire sont assez grands, & se cassent en fragmens obliques. C'est *Pini* qui l'a découverte dans les Alpes ; mais elle se rencontre aussi dans le Dauphiné, en Bohême, en Saxe & ailleurs.

La *Silice alcaline irisée*, ou le *Feldspath opalin* de *Hauy* (2), à reflets doubles, bleus & verts,

____

(1) *Feldspatum lunare. L.*
(2) *Feldspatum variabile. L.*

ou bleus & jaunes, avoit été nommée *Pierre de Labrador*, par la plupart des minéralogistes, parce que c'étoit sur les côtés de cette partie de l'Amérique qu'on l'avoit d'abord découverte ; mais on l'a trouvée depuis en Savoie, en Saxe, en Bohême, en Russie & en Hongrie. Elle se divise aussi en angles obliques ; les reflets proviennent des crevasses dans l'intérieur de la pierre, comme dans l'opale.

Linné avoit joint l'*Œil de chat* aux feldspates, à cause des mêmes reflets ; mais sa forme arrondie & sa cassure conchoïde, ne permettent pas ce rapprochement. *Daubenton* avoit rangé l'*Aventurine* sous le feldspate, mais *Linné* & *Haüy* ont eu raison de l'en séparer.

On trouve dans la dernière édition du système de Linné une espèce, dont les fragmens sont cubiques (1), d'une couleur rousse brune, & d'un éclat vitreux non nacré, & plus difficile à fondre que les autres espèces. Elle a été rencontrée en Saxe.

Haüy observe avec les minéralogistes allemands que le *feldspate* s'altère peu à peu par l'action de l'atmosphère, & devient d'abord *laminaire*, ensuite *granuleux* ou argilliforme.

Déjà dans le premier degré de cette altération, dans l'état qu'il est nommé *Pétunzé* par

---

(1) *Feldspatum cubicum*. Gmelin.

F 5

les Chinois, il a perdu la portion d'*alcali* qui entroit dans sa composition, comme on le voit par l'analyse de *Vauquelin*, cité par *Haüy*, & dans laquelle la *silice* & la *chaux* se trouvent augmentées ensemble de 14 centièmes, ce qui équivaut à peu près à la quantité de potasse qui auroit dû s'y trouver. Mais comme la matière n'en est pas moins fusible au chalumeau, c'est une preuve que la chaux peut suppléer aux alcalis ; quoiqu'il soit probable qu'il y reste une petite portion de potasse, échappée à l'analyse, puisqu'il y a une perte de 6 centièmes.

Le second degré de dégradation, ou le *Kaolin* des Chinois, approche encore davantage de l'apparence & de la nature d'une argile blanche & très friable, mais en conservant cependant des vestiges de la structure du feldspate. Il a de moins que le Pétunzé environ 4 centièmes de chaux, & de plus 6 centièmes d'eau. Il est parfaitement infusible au feu, par la privation presque totale du mélange alcalin ou calcaire.

Tous les deux entrent dans la fabrication des porcelaines de la Chine, & s'emploient de même à la manufacture de Sèvres & ailleurs en France, puisque ces variétés de feldspate s'y trouvent en plusieurs endroits, comme par exemple à Meudon près de Paris, & surtout à St. Thyrié près de Limoges.

La porcelaine se fait du mélange de ces deux

espèces, la laminaire & la granuleuse, réduites en une poussière très - fine, formant une pâte avec de l'eau. Lorsque cette pâte est assez séchée pour tenir bien ensemble, on la façonne au tour & la soumet à une première cuisson. Comme une des deux substances est infusible, elle peut soutenir une forte chaleur sans être changée en verre, tandis que la fusion de l'autre substance sert à mieux lier ensemble les parties constituantes du mélange.

Quoique la porcelaine ait ainsi acquis de la solidité, avec une couleur blanche un peu transparente, elle est encore terne & flatte peu l'œil. Pour lui donner plus d'éclat, on la plonge dans un mélange de sable blanc pulvérisé & d'une matière propre à favoriser une vitrification complète, dans une *seconde cuisson* que l'on fait subir à la porcelaine, & dont elle sort couverte d'un bel émail. Après l'avoir peinte, on la soumet encore à une *troisième cuisson*, pour fixer les couleurs.

Hauy réunit au feldspate le *Petrosilex* de *Linné* & de *Daubenton*, nommée *Pierre de corne* (Hornstein) par *Cronstedt* & quelques auteurs allemands. L'on pourroit la nommer en français *Silice-roche*, en imitation du nom latin, & avec allusion à sa ressemblance à une pâte de cailloux formée en roche. Ce rapprochement paroit d'autant mieux fondé, que les proportions de silice, d'alumine

& de chaux font à peu près les mêmes dans cette
fubftance & dans le feldfpate laminaire, qu'ils
font tous les deux fufibles au chalumeau fans
ébullition, & qu'ils fe reffemblent encore par la
dureté & la pefanteur.

La *Silice-roche* eft quelquefois tranflucide (1) &
quelquefois opaque (2) ; toutes les deux à caffure en éclats informes. Suivant *Gmelin* & *Beyer*,
elle fe rencontre auffi en cryftaux (3) reffem-
blans le plus fouvent à du fpate calcaire, &
quelquefois creux. Si le fait eft certain, elle aura
cela de commun avec la *Silice déformée* en général.

Mais fi la filice-roche a des points de reffemblance avec la filice alcaline, elle en diffère auffi
à plufieurs égards.

Elle forme à elle feule des couches confidérables fans mélanges, ce que l'autre ne fait jamais ; & de plus elle n'entre guères dans la
compofition des *Granits*, où la filice alcaline
eft fi abondante, mêlée avec la filice vitreufe
ou *Quartz* des Allemands, & le *Mica*, autre fubftance filiceufe, que nous allons examiner.

---

(1) *Petrofilex diaphanus*. L.
(2) *P. opacus*. L.
(3) *P. cryftallinus*, Gm.

Le Mica (1) est ainsi nommé à cause de son *brillant*, & la plopart des auteurs lui en conservé ce nom latin. En français, l'on pourroit le nommer *Paillette*, par sa ressemblance avec l'imitation artificielle connue sous cette dénomination.

Le mica est lisse au toucher sans être onctueux, & se compose de lames élastiques extrêmement minces, que l'on détache facilement. Sa pesanteur varie entre $2\frac{1}{2}$ & 3 fois son volume d'eau. Sa dureté est peu considérable. De sorte qu'il se laisse facilement rayer par la *chaux sulfatée laminaire*, qui lui ressemble autrement à plusieurs d'égards.

La forme du mica est naturellement très-irrégulière ; mais *Hauy* lui attribue cependant une molécule primitive d'un prisme droit à base rhomboïdale.

Son analyse donne une moitié de silice, un bon tiers d'alumine, & le reste composé d'oxide de fer & d'un léger mélange accidentel de chaux avec de la magnésie ; de sorte que sa dénomination chimique est *Silice alumineuse ferrifère*. Au chalumeau, il se fond en émail blanc, gris ou noirâtre, suivant que le mélange de fer est moins ou plus considérable. L'émail noir est attirable à l'aimant.

---

(1) *Mica*, L.

Une crystallisation de cette substance est nommée *Mica prismatique* par *Hauy* (1). Il ne se rencontre cependant qu'en *druses* composés de facettes nombreuses, d'après l'autorité de *Linné* & de *Wallerius*, qui en ont vu des exemples dans les mines de Suède.

Hauy ne dit rien du *Mica prismatique* du système de la nature ; suivant le témoignage de *Klaproth* & de *Hoffmann*, il doit se trouver en Saxe, formé en prismes de neuf côtés ; mais le plus souvent le mica n'offre que des formes indéterminables comme dans les espèces suivantes.

La *Paillette membraneuse* ou *Mica foliacé* de *Hauy* (2), vulgairement *verre de Moscovie*, ressemblant au verre par la couleur & la transparence ; elle se divise facilement en lames très-minces & souvent assez grandes pour servir de carreaux de vitres, comme c'est l'usage dans la Russie orientale & sur les vaisseaux de guerre de la même nation, parce qu'elle a l'avantage de ne se point casser.

On en rencontre aussi des masses considérables en France dans le Vivarais & près de Genève.

On pourroit employer le mica foliacé pour faire des lanternes ; il a sur la corne l'avantage

-----

(1) *Mica crystallina.* L.
(2) *Mica membranacea.* L.

de n'être pas susceptible d'être endommagé par
la flamme.

La *Paillette lamelleuse* ou *Mica lamelliforme* de
Hauy (1), est rarement limpide comme l'espèce
précédente, mais le plus souvent d'un noir ou
brun enfumé & opaque, quelquefois avec un
certain éclat doré. Elle fait partie des granits &
d'autres roches primitives, & ne se rencontre
que très-rarement seule, dans une sorte de concrétion schisteuse.

La *Paillette écailleuse* ou *Mica écailleux* de
Hauy (2), a toutes les couleurs imaginables,
quelquefois aussi argentées & dorées; se trouve
disséminée dans les granits, gneisses & autres
pierres, à la surface & dans l'intérieur du globe.
Elle se trouve aussi quelquefois seule, & c'est
dans cet état qu'elle forme la paillette sablon-
neuse ou le *Mica pulvérulent* de *Hauy*, que l'on
nomme vulgairement sable doré, & que l'on emploie à différens usages.

Hauy ne fait aucune mention de la *Paillette
onduée* (3), qui paroît cependant assez distincte
des précédentes, en ce que ses lames ne s'éten-
dent pas en ligne droite, mais offrent toujours
une surface ondoyante, de couleur brune ou jau-

---

(1) *Mica laminosa.* L.
(2) *M. squamosa.* L.
(3) *M. undulata.* L.

nâtre ou dorée. Elle est commune en Hongrie & en Suède.

La *Paillette hémisphérique* (1), ressemblant à des exfoliations d'une perle d'une couleur blanche nacrée & de la grosseur d'un pois, ne s'est trouvée jusqu'ici qu'en Finlande.

La *Paillette filonnée* (2) est nommée *Mica filamenteux* par *Hauy*. Elle présente en effet l'apparence de filamens divergens & que l'on peut détacher les uns aux autres. Sa couleur est noire ou grisâtre, mais devient blanche par l'action du feu.

On avoit confondu le *Mica* avec le *Talc*, jusqu'à ce que l'analyse chimique en eût fixé les différences. Ce dernier est une *Silice magnésienne aquifère*, avec des mélanges accidentels très-variés.

Le TALC (3) n'est pas une production de notre pays, mais s'y rencontre souvent dans les cabinets des curieux. *Hauy* lui a conservé le nom de talc, emprunté de *Linné*; mais *Daubenton* avoit adopté celui de *Stéatite* d'après *Wallerius*, & que l'on pourroit traduire *Onctueuse*.

Cette substance est réellement onctueuse au toucher, sans être salissante. Sa dureté est assez peu considérable, pour qu'elle se laisse racler au cou-

---

(1) *Mica hemisphærica.* L.
(2) *M. striata.* L.
(3) *Talcum.* L.

teau, & sa pesanteur ne surpasse pas de beaucoup deux fois & demie son volume d'eau. Sa forme primitive, suivant *Hauy*, est le prisme droit rhomboïdal, ayant deux angles opposés plus petits de la moitié que les deux autres. Au feu elle durcit & ne s'émaille qu'au bout des fragmens.

On peut en diviser les espèces en trois sections, d'après *Daubenton*. Savoir : d'une consistance *feuilletée & translucide; compacte & translucide ; compacte & opaque.*

Dans la première division, nous remarquerons la *Silice magnésienne laminaire*, nommée communément *Talc de Venise.* C'est la *Craie de Briançon fine de Daubenton*, & le *Talc laminaire* (1) de *Hauy*, formé de lames ondulées blanchâtres avec différentes nuances presque transparentes qui se subdivisent facilement, & marquées quelquefois d'une infiltration noire de manganèse, représentant de petits arbrisseaux.

Cette espèce, plus abondante en Italie, dans la Valteline & dans le Tyrol, se rencontre cependant aussi en Allemagne & dans le Nord. Réduite en poussière très-fine, elle a servi autrefois en médecine comme absorbant, mais ne s'emploie guères à présent qu'à la préparation du rouge des toilettes, en la colorant d'une ma-

---

(1) *Talcum cosmeticum.* L.

tière extraite de la plante nommée *Carthame* ... la teinture.

La *Silice magnésienne écailleuse*, ou *Craie de Briançon* grossière de *Daubenton* (1), se divise en écailles irrégulières ; couleur blanche nacrée verdâtre, qui sert dans la peinture.

La division des *Stéatites compactes translucides*, pourroit être nommée *Silice magnésienne grasse* ; (2) c'est le *Talc stéatite* de *Hauy*, contenant plusieurs variétés, dont la principale est la *Craie d'Espagne*, d'une consistance un peu moins onctueuse au toucher que la craie de Briançon, & d'une couleur blanchâtre, tirant sur le jaune ou le vert, salissant en blanc par le frottement.

Elle s'exploite principalement dans la province d'Arragon, & sert dans la peinture.

Les autres variétés de l'espèce sont la *Pierre de Lard*, qui est translucide, de couleurs variées, & le *Savon des montagnes*, veiné & souvent partiellement opaque, & ressemblant au savon de Venise. On les emploie en Angleterre à la fabrication de la porcelaine.

La *Silice magnésienne ollaire*, *Talc ollaire* de *Hauy*, la *Stéatite compacte opaque*, ou pierre ollaire de *Daubenton* (3), est d'une consistance

---

(1) *Talcum Brianzonicum.* L.
(2) *T. smectis.* L.
(3) *T. ollare.* L.

peu fuſceptible de poli, mais facile à travailler
& réſiſtant au feu ; caſſure ondulée, couleur d'un
vert ſale. Elle ſe trouve en Italie, en Allemagne &
dans le Nord. Elle ſert à la ſabrication des vaſes de
cuiſines, de poëles, de fourneaux. La calcination
y fait paroître de petites paillettes argentées qui
en relèvent un peu la couleur obſcure.

La *Silice magnéſienne verte*, le *talc-chlorite* de
Hauy (1), eſt ſurtout diſtingué par ſa couleur
verte & ſon odeur argilleuſe. *Hauy* en cite trois
variétés.

La *terreuſe*, ſe caſſant facilement en petits
grains, a la figure d'un priſme régulier à ſix
côtés, qu'on diſtingue à la loupe. Elle ſe rencontre en rognon dans les roches, & ſemble y
avoir été infiltrée ; comme on en voit des exemples au Mont Blanc.

La *feuilletée* ou fiſſile eſt compoſée de feuillets
curvilignes. On en trouve des bancs en Corſe
remplis de petits cryſtaux de fer, qui indiquent
l'origine de la matière colorante.

Enfin, la *compacte*, ou *zoographique* de *Hauy*,
nommée communément *terre verte de Véronne*, &
ſervant à la peinture. Elle forme à Bictonico
dans le Tyrol une couche conſidérable ſur un

----

(1) *Talcum. chloritet.* L.

fond de *lave* compacte, dont elle remplit les crevasses & les cavités.

On voit souvent dans le voisinage des Alpes l'une ou l'autre de ces variétés accompagner les crystaux de silice vitreuse ou teindre en vert la silice alcaline, & plusieurs autres espèces.

La *Silice magnésienne plastique*, vulgairement *écume de mer* (1), est une pâte blanche jaunâtre, formant des veines dans la terre en quelques parties du Levant. Elle se pétrit d'abord facilement & durcit ensuite à l'air. On l'emploie surtout à des pipes à fumer.

La *Silice magnésienne dure*, le *Trémolite* (2) de *Saussure* & de *Daubenton*, la *Grammatite* de *Haüy*, est d'une dureté rayant le verre, & pèse environ trois fois son volume d'eau. Sa crystallisation est quelquefois en aiguilles prismatiques rhomboïdales, réunies par faisceaux; prismes quelquefois isolés, & d'un volume plus considérable. La cassure est ondulée, luisante. Au chalumeau elle blanchit d'abord, & se fond bientôt avec bouillonnement en un émail blanc & bulleux. Le premier instant de la fusion est accompagné d'une phosphorescence verdâtre, lorsqu'on en jette la poussière sur un charbon ardent. La phosphores-

(1) *Talcum spuma maris.* Gm.
(2) *Tremolites.* Gm.

cence par le frottement lui est commune avec la silice.

L'analyse faite, par *Klaproth*, avoit donné 65 centièmes de silice, environ 30 de magnésie, mêlée de chaux, avec un peu d'oxide de fer, & 5 d'eau. C'est probablement une variété de la même substance qui se trouve aussi sous le nom de *Talcum radiatum*, dans le *Système de la nature*, édition de *Gmelin*.

L'inspecteur des mines *Cordier*, avoit apporté, de St.-Gothard, ce minéral, & a fourni la description dont *Haüy* s'est servie. La couleur est quelquefois blanche, avec des teintes rougeâtres, verdâtres, ou noirâtres. Les dernières sont opaques, les autres translucides. Le nom de *Grammatite*, ou marquée d'écriture, se dérive d'une ligne dont les cryſtaux sont souvent marqués d'un coin à l'autre, dans leur cassure transversale.

D'autres espèces de talc citées par *Werner* & *Gmelin*, telles que le *Talcum fullonum*, *porcellanum*, &c. ne sont que des argiles, contenant accidentellement un peu de magnésie.

La *Silice magnésienne éclatante*, vulgairement *Pierre néphritique* (1), nommée *Jade* par quelques auteurs, est d'une consistance dure, translu-

---

(1) *T. nephriticum. L. Serpentinus nephriticus. G. L'Amorus* de Gmelin n'en est probablement qu'une variété.

cide, de couleur verte de poirezu, susceptible
d'un beau poli, mais très-difficile à travailler,
à cause de sa grande dureté. On en fait, dans
l'Orient, des poignées de sabre & autres ornemens.

Le nom de *Pierre nephritique* dérive d'un ancien
préjugé, que, réduite en poudre, elle guérissoit
les maux de reins. Cette substance a été connue
depuis long temps en Asie. On l'a trouvée depuis
en Amérique, près de la rivière des Amazones;
& enfin on l'a aussi découverte en Europe, dans
le voisinage des Alpes & ailleurs. La roche
connue en Italie sous le nom de *Verde di Corsica*,
est d'une pâte de cette nature.

Le *Beilstein*, des Allemands, qu'on dit servir
aux sauvages de l'Amérique pour en faire des
haches, est aussi une variété de la même espéce.

Linné, *Wallerius* & *Werner* placent encore
parmi les *Talcs* la vraie *Serpentine* (1), & il est
sûr que son analyse indique une *Silice magnésienne*,
quoique souvent mêlée d'autres substances. La
pierre qu'ils désignent sous ce nom est d'un grain
fin, dur, mais facile à travailler. La couleur est
verte, tirant souvent sur le noir, & marquée de
teintes plus claires, offrant quelque ressemblance
à celles de la peau d'un *Serpent*, ce qui a fourni

____

(1) *Talcum serpentinus*. L. *Serpentinus genuinus*,
Gmelin.

l'idée de sa dénomination , tant en grec , (*Ophites*) qu'en latin (*Serpentinus*). Le *Vert-antique*, le *Vert de Suze*, & plusieurs autres pierres très-estimées des anciens, tiennent de cette espèce , dans laquelle les proportions différentes de silice & de magnésie produisent un grand nombre de variétés. *Werner* les partage en deux *sous - divisions*, la *Serpentine commune*, & la *Serpentine noble*, mais dont les limites sont difficiles à fixer. Lorsqu'elles contiennent des mélanges considérables de chaux ou d'argiles, elles doivent être rangées avec les *Roches composées*, dont nous réservons l'examen pour la fin du cours.

Une des plus considérables exploitations de serpentine se fait à *Zoeblitz*, en Saxe ; on y a établi une manufacture, où l'on la travaille en tables, en vases & autres ornemens.

L'ASBESTE de *Hauy* & de *Linné*, l'*Amian-the* de *Daubenton*, que l'on pourroit nommer en français la *Filamenteuse*, est d'une consistance fragile, & sèche au toucher, à moins qu'il ne soit réduit en poussière extrêmement fine; dureté & pesanteur très - variables. Il ne subit aucune altération sensible par l'action d'un feu ordinaire, mais se réduit en verre noir par un feu plus violent. L'analyse indique une *Silice magnésienne alumineuse* ; & la crystallisation est en prismes rhomboïdaux, suivant l'opinion de *Hauy*.

Linné divise en deux sections les *Asbestes*, ceux formés de filamens parallèles, & ceux en filamens entrelacés.

A la première division appartient l'*Asbeste flexible* de *Hauy* (1), que l'on nomme vulgairement *Amianthe*. Il consiste en filamens flexibles très - fins & faciles à séparer. Il est ordinairement d'une couleur blanche, soyeuse, mais quelquefois tirant sur d'autres nuances. C'est l'espèce la plus légère de cette division, & surnageante à l'eau.

L'amianthe se filoit autrefois comme du lin, & l'on en faisoit des toiles pour différens usages domestiques; l'on s'en servoit d'autant plus volontiers, que, pour les blanchir, il ne falloit que les faire passer par le feu. L'incombustibilité de ces toiles les fit employer pour linceul aux morts que l'on brûloit, afin de conserver les cendres. On montre au Vatican un linceul de cette espèce.

L'amianthe se trouve le plus fréquemment dans la serpentine en différentes parties de l'Europe. La plus belle nous vient de la Valteline & du Piémont.

L'*Asbeste dur* de *Hauy* (2), est composé de filamens blancs, verdâtres, plus roides, & tenant plus fortement ensemble, se réduisant en duvet

---

(1) *Asbestus amianthus.* L.
(2) *A. maturus.* L.

lorsque

lorsque l'on veut les séparer. Il est vraisemblable que l'asbeste passe de cet état à celui de l'amianthe, & que l'*Asbeste vitreux* (1), qui se distingue par un éclat de verre, fait une des nuances de ce passage.

L'*Asbeste commun* (2), peu éclatant, composé de fibres roides & parallèles, se cassant en longs éclats comme le bois, peut être le premier degré de cette progression.

A la seconde division se rapportent les espèces suivantes :

L'*Asbeste tortueux* (3) forme des pelotons compactes & très-durs, marqués de fibres entrelacés, & partant quelquefois du centre à la circonférence. Il se rencontre épars dans des rochers de différente nature.

L'*Asbeste ligneux* (4), ou *Bergholz* des Allemands, représente très-bien le bois par la contexture & les couleurs. Il se rencontre dans le Tyrol.

L'*Asbeste liége* (5), ou *Liége fossile*, *Bergkork* des Allemands, est d'une consistance plus molle, adhérente à la langue, & s'imbibant d'eau avec sifflement. Il se trouve en Suède & en Saxe.

---

(1) *Asbestus fragilis. L.*
(2) *A. vulgaris. L.*
(3) *A. tortuosus. L.*
(4) *A. lignum. L.*
(5) *A. suber, L.*

G

L'*Asbeſte chaire* (1), ou chaire foſſile, flexible, compoſé de lames épaiſſes & furnageantes à l'eau. Couleur blanchâtre, avec quelque reſſemblance de la chaire d'un champignon, furface quelquefois couverte d'un fin duvet. Il fe rencontre dans les mines de fer, furtout en Suède.

L'*Asbeſte cuir* (2), *Berglæder* des Allemands, eſt compoſé de lames plus minces que l'efpéce précédente. Il eſt de même flexible, & furnage à l'eau; fa couleur varie entre le gris-foncé & le jaune. Se trouve dans la Valteline, & en plufieurs autres parties de l'Europe, même en France.

L'*Asbeſte amadoue* (3), nommé *Asbeſte arentiſéne* par *Linné* & autres, parce que l'on en rencontre qui contient de l'argent, furtout dans les mines du Hartz en Allemagne. Il eſt compoſé de lames légères & flexibles comme l'efpéce précédente, mais la couleur eſt d'un brun-jaunâtre.

Les asbeſtes rempliſſent les crevaſſes des pierres magnéfiennes, dont ils femblent n'être qu'une effloreſcence ou une forte de décompofition.

Une fubftance qui ne différe guère de l'asbeſte que par plus de roideur, c'eſt la Rayonnante

____

(1) *Asbeſtus caro. L.*
(2) *A. aluta. L.*
(3) *A. argentiferus. L.*

de *Sauſſure*, ainſi nommée d'après le *Strahl ſtein* des
Allemands, ayant reçu dans l'ouvrage de *Hauy* la
dénomination d'*Actinote*, qui a la même ſignifi-
cation, & que cette ſubſtance porte auſſi dans
la dernière édition du *Syſtême de la nature*. Dans
les précédentes, *Linné* l'avoit rangée ſous le genre
Talc, ou *Silice magnéſienne*. Son analyſe donne,
en effet, un cinquième de magnéſie, ſur trois de
ſilice, & un d'oxide de fer avec de la chaux &
de l'alumine. Elle eſt fuſible au chalumeau en un
verre blanchâtre, mêlé de ſcories noires. La dureté ſuffit à peine pour rayer le verre, & ne
tire point du tout des étincelles du briquet; ſa
peſanteur ne va qu'à trois fois & trois dixièmes
ſon volume d'eau. La couleur eſt le plus ſouvent
verte en différentes nuances, juſqu'au blanc-vert
nacré, mais auſſi quelquefois noirâtre. Sa cryſtalliſation eſt en priſmes rhomboïdaux, dont le
grand angle eſt de 124 degrés, & le petit de 56.
Ils ſont le plus ſouvent ſillonnés, réunis en rayons
quelquefois courbés, même anguleux & très-
caſſans. C'eſt la forme que cette ſubſtance a le
plus ordinairement dans les montagnes de Salz-
bourg & au Zillerthal dans le Tyrol, & que
Werner déſigne ſous le nom de *Rayonnante commune* (1). *Hauy* la nomme *Actinote hexaëdre*.

Une autre eſpèce, de conſiſtance plus molle

---

(1) *Actinotus vulgaris*. Gm.

G 2

ne se trouve ordinairement qu'en aiguilles fines réunies de différentes manières , mais le plus souvent divergentes. C'est la *Rayonnante asbesti-forme* de *Werner* , & l'*Actinote aciculaire* de *Hauy*. On pourroit la nommer *Rayonnante fibreuse* (1).

Parmi les terres siliceuses magnésiennes , nous remarquerons encore la *Cornéenne* de *Wallerius* , *Hornblende* de *Linné* & de *Werner* , l'*Amphibole* ou *ambiguë* de *Hauy*. C'est une pierre opaque, de couleur obscure, mais dont l'écriture & la poussière sont d'un vert - clair - grisâtre. Con-sistance lamelleuse, & cassure en fragmens indé-terminés , souvent courbes. Odeur argilleuse , lorsqu'elle est humectée par l'haleine. La pesan-teur est entre trois un sixième & quatre fois son volume d'eau , & sa dureté est au-dessous de celle de toutes les pierres calcaires. Au chalu-meau elle fond en globule noirâtre. Son analyse donne à peu près une moitié de silice, & l'autre moitié composée d'alumine , de magnésie & d'oxide de fer. La crystallisation la plus simple est un prisme à base quarrée, oblique ; mais comme ordinairement deux angles opposés sont plus ou moins tronqués, les prismes offrent l'apparence de six faces, dont deux quelquefois plus étroites , & quelquefois plus larges que les quatre autres,

____

(1) *Actinotus fibrosus.* Gm.

La *Cornéenne commune* (1) est de cassure terne ;
elle se trouve rarement en crystaux libres, mais
entre fréquemment comme partie accidentelle dans
la composition de différentes roches primitives,
surtout dans les porphyres, schistes & gneis.
Plus rarement elle en fait la partie principale,
comme dans la *Siennite* & dans le *Schiste cor-
néen* dont *Werner* fait une espéce distincte, qui
forme quelquefois des couches étendues, même
dans la Belgique, aux environs de Tubise ;
récelant souvent des métaux précieux. Dans le
Nord on l'emploie comme *fondant* pour le fer.

La *Cornéenne verte*, nommée *Smaragdite* par
Saussure & *Daubenton*, *Feldspath* par *Delisle*,
a reçu de *Hauy* le nom de *Diallage*, qu'il traduit *différence* : « pour faire connoître que malgré
la ressemblance avec le feldspath que la contexture
en joints croisés lui donne, il en diffère par sa
composition & ses caractères physiques, puisqu'il
pèse trois fois son volume d'eau, & raie difficilement le verre, au lieu que le feldspath le
raie parfaitement, & ne pèse que deux & un
deuxième. Il est aussi un peu plus difficile à
fondre au chalumeau. « C'est cette espèce de
cornéenne qui forme les belles taches vertes dans
le marbre connu en Italie sous le nom de *Verde
di Corsica*.

---

(1) *Hornblenda vulgaris. L.*

La *Cornéenne cuivreuse* (1), *Diallage métalloïde* de *Hauy*, à cassure noirâtre avec un éclat soible de cuivre rouge, quelquefois un peu chatoyant. Cette espèce, ayant d'abord été apportée des côtes de *Labrador*, avoit reçu de *Werner* le nom que *Gmelin* lui a conservé. Mais ayant été trouvée depuis en Allemagne, & nommée *Schillerspat* ou *Spate chatoyant*, il semble plus convenable de lui donner le nom que j'ai indiqué, & qui exprime son principal caractère.

La *Cornéenne basaltine* (2) est un peu plus dure & plus luisante que les autres espèces. On la voit le plus souvent en prismes déliés, à six faces, terminés par un prisme très - pointu à trois ou quatre faces, posés sur des angles alternans, & incrustés dans les basaltes & laves de l'Europe, même dans le voisinage du Rhin.

Le BASALTE, dans lequel se trouve la cornéenne basaltique, en diffère par une couleur moins foncée ou noire-grisâtre, & par le défaut absolu d'éclat. Sa cassure est informe, & donne, par la raclure, une poussière blanchâtre. L'on a cru observer qu'il se décompose en argille, ce qui a donné lieu à *Hauy* de le regarder comme une espèce de *Lave*, qu'il nomme *Lave lithoïde*; mais *Linné*, *Wallerius* & *Werner* en font une

____

(1) *Hornblenda Labradorica. L.*
(2) *H. basaltina. Gm.*

fubftance diftincte , opinion que nous croyons pouvoir adopter, fur le témoignage de *Dolomieu* » qu'il exifte des bafaltes non volcaniques. «

Quoique le bafalte ne foit que d'une dureté médiocre , il eft *fonore* fous le marteau , & très-difficile à caffer. Sa pefanteur va jufqu'à trois fois fon volume d'eau. Traité au chalumeau , il fond facilement en verre noirâtre , & peut même être employé comme *fondant* pour les forges & pour les verreries.

Son analyfe donne de la filice jufqu'à la moitié , un quart d'oxide de fer & un quart compofé d'alumine, de chaux & de magnéfie. On peut le nommer *Silice ferrifère magnéfienne*. Cette dernière fubftance s'y trouve cependant en une quantité beaucoup moins confidérable que dans la *Cornéenne*, de forte que le bafalte forme, pour ainfi dire , le dernier chaînon des filices magnéfiennes. Quant à fes formes , on en voit en *lames* (1) fur le Bas-Rhin & près de Gœttingue , en *colonnes prifmatiques* (2), & formées par retraite dans les grandes maffes bafaltiques , dans les mêmes localités , auffi bien que dans le Palatinat fupérieur , dans les parties méridionales de la France, en Italie & ailleurs. On en voit auffi en *fragmens pyramidaux* (3), près de Cremnitz en Hongrie ; en

---

(1) *Bafaltes fchiftofus.* Gm.
(2) *B. columnaris.* Gm.
(3) *B. pyramidalis.* Gm.

G 4

fragmens creux & concentriques (1), diſperſés dans les environs des baſaltes en colonnes ; & enfin en *fragmens rhomboïdaux irréguliers* (2), d'apparence compaſte, mais s'imbibant facilement d'eau, rouſſiſſant à l'air, & tombant bientôt en effloreſcence ; on en rencontre ſouvent dans les Pyrénées & les grandes montagnes du Nord.

Le *Baſalte vacque* (3) eſt plus mou que les autres eſpèces, mais compaſte & tenace, de ſorte qu'on ne le voit pas tomber ſpontanément en fragmens. La couleur eſt verte, plus ou moins griſâtre. Il forme des filons dans les montagnes baſaltiques, & ſemble être d'une formation plus récente.

Une ſubſtance dont l'extérieur a auſſi quelque reſſemblance avec l'asbeſte, c'eſt la ZÉOLITHE ou *Pierre bouillonnante*, ainſi nommée, parce qu'elle ſe fond au chalumeau *avec bouillonnement*, en verre blanchâtre ſpongieux ; elle prend dans l'acide nitrique l'apparence d'une gelée plus ou moins ramollie, & donne par l'analyſe chimique environ 50 centièmes de ſilice, 30 d'alumine, 10 de chaux & autant d'eau ; proportions qui ſont pourtant ſujettes à varier & à ſouffrir des mélanges accidentels. Sa peſanteur varie entre deux fois & demie & trois fois & demie ſon volume

____

(1) *Baſaltes tunicatus. Gm.*
(2) *B. trapezum. L.*
(3) *B. vacca. Gm.*

d'eau ; fa dureté fuffit pour rayer le marbre. La couleur eft le plus fouvent blanchâtre, quelquefois nacrée, avec ou fans tranfparence. La cryftallifation tient du prifme quadrangulaire, mais avec des variations qui ont engagé *Hauy* à les ranger fous des noms différens. Il avoit d'abord confervé le nom de *Zeolithe* à l'efpéce *Rayonnée* (1), de confiftance folide, à furface nacrée, marquée de rayons convergens; à la *Fibreufe* (2), paroiffant compofées de fibres grouppées de plufieurs manières différentes, avec le même éclat nacré; & la *Terreufe* (3), qui femble produite par l'efflorefcence des autres, & fe réduit facilement en une pouffière blanche; mais il a depuis réuni ces mêmes efpèces fous le nom de *Mefotype* ou *Forme moyenne*, entre les autres efpèces. En effet, la *Mefotype* a une bafe quarrée, & les faces latérales un peu plus longues dans un fens que dans l'autre, au lieu que la *Stilbite* (4), à contexture lamelleufe & furface nacrée, eft d'une bafe oblongue, auffi bien que les deux faces latérales, & c'eft elle qui fe réduit le plus complétement en gelée par l'acide nitrique. L'*Analcime* (5) a la bafe & les faces égale-

---

(1) *Zeolithus radiatus.* Gm.
(2) *Z. fibrofus.* G.
(3) *Z. farinofus.* G.
(4) *Z. lamellofus.* G.
(5) *Z. cubicus.* G.

ment quarrées , en même - temps quê la *Cha-*
basie (1) est de la même figure , mais un peu
oblique. *Werner* nomme ces mêmes espéces *Zéoli-*
the lamelleuse , cubique & rhomboïdale. L'on feroit
bien de conserver ces noms caractéristiques &
intelligibles , en traduisant seulement le mot grec
Zéolithe en *Bouillonnante.*

La *Zéolithe verdâtre* (2) est nommée *Préhnite*
par *Werner* & *Hauy* , d'après le nom du colonel
Prehn , qui l'avoit apportée en Europe ; sa dureté
est à peine suffisante pour rayer le verre , & sa
pesanteur ne va qu'à deux fois & sept dixièmes
son volume d'eau.

Sa crystallisation est en faisceaux de prismes
grouppés confusément , fusibles au chalumeau ,
en écume blanche , qui se consolide en un émail
jaune tirant sur le noir.

Hauy n'approuve pas la reunion de cette substance à la zéolithe , qui , selon lui , est moins dure ,
contient plus de silice , moins d'alumine , & surtout moins de chaux. Mais lorsque l'on considère
que les proportions de ces parties constituantes
varient beaucoup dans les zéolithes en général ,
& presque dans la Préhnite elle-même , comme
le prouvent les deux analyses de *Klaproth* & de
Hasenfratz , citées par *Hauy* , dont l'une porte

---

(1) *Zeolithus prismaticus,* Gm.
(2) *Z. viridis.* G.

44 centièmes de silice, 30 d'alumine & 13 de chaux ; & de l'autre 50 silice, 20 d'alumine & 23 de chaux ; mais il est à remarquer qu'elles s'accordent à admettre une petite portion d'*eau*, qui, en combinaison avec ces trois autres substances, forme un des caractères distinctifs de la zéolithe.

Elle ressemble de plus à ce genre par un aspect nacré, qui en distingue plusieurs espèces.

Les premiers échantillons de la Préhnite nous sont venus du Cap ; mais on a rencontré depuis en France un minéral qui lui ressemble, & que *Hauy* regarde avec raison comme étant de la même nature.

La *Zéolithe bleue*, Cyanite (1) ou Sappure de *Daubenton*, Schorle bleu de quelques autres, est nommée par *Hauy Disthène*, ou ayant *deux forces*, nom qui doit exprimer la faculté de cette substance de devenir électrique *en plus* & *en moins* par le frottement, ce qu'elle a cependant de commun avec d'autres matières. Elle ne raie que difficilement le verre, mais sa pesanteur est de 3 fois & demie son volume d'eau. La crystallisation fondamentale est en prismes quadrangulaires obliques, mais offre le plus souvent l'apparence d'une contexture lamelleuse rayonnée, qui s'étend en longues aiguilles très fragiles. Elle est d'ail-

______

(1) *Zeolithus cyanites*, Gm.

leurs tranſparente avec aſſez d'éclat. La couleur
eſt le plus communément bleu céleſte, quelquefois faſciolée de bandes nacrées. Rarement elle
eſt plus jaune que bleue.

Malgré que la cyanite ſoit difficilement fuſible au chalumeau, les plus ſavans minéralo-
giſtes d'Allemagne s'accordent à lui donner à
peu près les mêmes parties conſtituantes qu'aux
autres zéolithes. Nos célèbres chimiſtes français
n'en ont pas encore fait l'analyſe, pour autant
qu'il eſt de ma connoiſſance.

On trouve cette ſubſtance au mont St. Gothard,
& dans les carrières de la ville de Lyon, ſans
parler d'autres parties de l'Europe.

Les bijoutiers font quelquefois paſſer les petits
cryſtaux de cyanite pour des ſaphirs; mais la
ſtructure eſt différente, auſſi bien que la dureté.

La *Zéolithe étincellante* (1), leucolithe de *la Mé-
therie*, eſt nommée *Dipyre* par *Hauy*. Elle eſt d'une
dureté à rayer parfaitement le verre & à donner
des étincelles au briquet. Sa peſanteur eſt de 2 fois
& ſix dixièmes ſon volume d'eau. Le premier moment de ſa fuſion eſt marqué par une petite phoſ-
phoreſcence, ce qui s'obſerve ſurtout lorſqu'on
la réduit en pouſſière, & la jette ſur un charbon
ardent à l'obſcurité. La cryſtalliſation eſt le priſme

---

(1) *Zeolithus ſcintillans*. Gm.

régulier à six côtés, ayant pour molécule intégrante le prisme triangulaire à côtés égaux. Quelquefois ces prismes sont isolés & assez épais,
comme ceux observés en France & décrits par
la Méthérie & *Hauy* ; mais on rencontre aussi
dans le Nord & en Allemagne des masses informes de la même substance. La cassure est un
peu arquée & toujours luisante. La couleur est
quelquefois blanchâtre ou d'un lilas clair, toujours avec translucidité. Cette substance est fusible
au chalumeau avec bouillonnement, comme les
autres zéolithes.

Elle s'est trouvée près de Mauléon.

L'analyse faite par *Vauquelin* lui a donné 60
centièmes de silice, 24 d'alumine, 10 de chaux
& 2 d'eau de crystallisation. Le nom de *Dipyre*
a grand besoin d'explication. Il doit indiquer que
la substance est sujette à une double action du
feu, premiérement pour la fondre, & seconde-
ment pour exciter sa phosphorescence.

La MACLE est une dénomination inventée par
Delisle, pour désigner une sorte de *Pierre de croix*,
ou variété de la *Zéolithe prismatique* de *Linné*, formant un prisme droit un peu rhomboïdal, &
ayant un noyau noir de la même forme, occupant
le milieu du prisme blanc de la *Zéolithe*, qui est
de plus souvent marqué d'une croix noire, dans
le sens des quatre coins du noyau. Sa structure est cependant sujette à plusieurs variations,

mais portant assez évidemment le même caractère, pour n'être pas confondue avec d'autres subf-tances. Au reste, les macles pèsent près de 3 fois leur volume d'eau, & font quelquefois assez dures pour rayer le verre, mais ne donnent jamais des étincelles au briquet. La cassure est compacte, quelquefois à grains fins, quelquefois un peu lamelleuse. La poussière est douce au toucher. L'on pourroit la nommer la *Bouillante croisée*.

L'on n'a jusqu'ici trouvé les *Macles* que près de St. Jacques de Compostelle en Gallicie, & en quelques endroits de la ci-devant Bretagne, & dans les Pyrénées. Celles de ce dernier endroit se distinguent par un noyau noir très-gros, en proportion de la croûte blanche qui l'enveloppe.

En prenant l'analyse pour base, on ne peut placer qu'ici le *Talc glaphique* de *Hauy*, nom-mé Bild-stein ou pierre aux images par les Al-lemands, à cause des petites figures en cette ma-tière connues sous le nom de *Magots de la Chine*. Cette substance est tantôt translucide & tantôt opaque, varie un peu dans les parties consti-tuantes; mais son analyse donne toujours plus de la moitié de silice, & le restant d'alumine, excepté environ un quinzième d'eau & quelques mélanges accidentels en très-petites portions. Le nom de *Pierre de Lard* que *Hauy* lui donne en français, n'exprime pas le *Bild stein* des Alle-mands, mais bien leur *Speck-stein*; toutes les deux font des variétés du *Talcum fmectis* de *Linné.*

Une autre substance se fondant avec bouillonnement au chalumeau, & que *Wallerius* avoit rangée par cette raison parmi les zéolithes, est la *Silice alumine ferrugineuse*, nommée *Tourmaline* par *Hauy*, & comprise sous la dénomination de *Schorle* (1) par *Werner* & *Linné*, tout comme *Hauy* range le schorle noir sous le titre de *Tourmaline*. Elle attire & repousse les corps légers en deux points opposés. Sa consistance est en lames difficiles à distinguer. Cette substance est surtout remarquable par sa propriété de devenir électrique par la chaleur. Elle raie le verre, & pèse un peu plus de trois fois son volume d'eau. Elle se fond au chalumeau en émail blanchâtre, & son analyse donne 40 centièmes de silice, presqu'autant d'alumine, 14 d'oxide de fer mêlé avec un peu d'oxide de manganèse, & environ 4 de chaux.

La crystallisation de la tourmaline offre des prismes à 9, à 12 & 24 côtés, terminés par des pointemens à facettes inégales en formes & en nombre, & les deux bouts toujours différens. On a même du Tyrol des tourmalines en prismes à 6 côtés; mais toutes ces variétés se réduisent à la forme primitive d'un rhomboïde obtus. La

____

(1) *Scorlus electricus.* L.

caffure tranfverfale eft vitreufe - conchoïde , &
paroît quelquefois articulée.

Les cryftaux ne font tranfparens que vus *du
côté* du prifme , mais opaques lorfque la bafe fe
préfente à l'œil.

La couleur de la tourmaline varie beaucoup ,
& joue les pierres fines du premier & du fecond
ordre. La *Tourmaline bleue-verdâtre* eft le *Saphir
du Bréfil* des lapidaires, comme la *Tourmaline verte-
foncée* eft leur *Emeraude du Bréfil*. La tourmaline
verte-jaunâtre eft nommée *Peridot de Ceylan* , &
l'*Orangée* fe confond quelquefois avec l'*Hyacinthe*;
mais elle fe diftingue toujours de ces pierres par
fon défaut de tranfparence du côté de la bafe.
On rencontre à St. Gothard une variété blanche limpide, en petits cryftaux prifmatiques à 9
côtés, avec un pyramide à 6 facettes & l'autre
à 3 , que *Dolomieu* avoit reconnue pour des vraies
tourmalines, d'après leur électricité acquife par
la chaleur. Il exifte auffi une variété *noire* , nommée autrefois *Schorle de Madagafcar* , mais qui
fe trouve cependant auffi ailleurs.

La variété la plus anciennement connue, c'eft
la *Tourmaline brune de Ceylan*, dont on a auffi
de femblables en Efpagne.

Les cryftaux de tourmaline fe rencontrent quelquefois ifolés ; mais il eft à croire qu'ils ont été
détachés de leur fol natal, c'eft à dire, des gra-

nits & autres roches primitives, dans lesquelles
on les trouve incrustées.

Lorsqu'on a dit que les tourmalines font électriques par la chaleur, on a voulu dire une chaleur modérée ; car au - deſſus de celle de l'eau
bouillante, elles perdent cette propriété ; mais la
reprennent en diminuant de chaleur.

Le Schorle de *Daubenton* (1) eſt la *Tourmaline noire* de *Hauy*. Il reſſemble en effet à la
tourmaline par ſa dureté & ſa peſanteur ſpéci-
fique. Ses formes cryſtallines ſe lient à celles de
cette ſubſtance par l'obliquité originaire des angles , par la diſſemblance du pointement des
deux bouts d'un même priſme , & par la cryſtalliſation à douze facettes communes à toutes les
deux.

Hauy leur trouve quelques différences ; mais
où eſt-ce que l'on n'en trouve pas dans une
même eſpèce ? La vérité eſt que la contexture
de cette ſubſtance n'offre le plus ſouvent que
des lames ou des aiguilles entrelacées , avec très-
peu de veſtiges de cryſtalliſation.

La couleur eſt noire ou brune , mais donnant
par le broyement une pouſſière verdâtre. La
tranſparence eſt nulle , ce qui rend peut être rai-
ſon de ſon défaut d'aptitude à devenir électrique

____

(1) *Scorlus genuinus. L.*

par frottement , & encore moins par la chaleur ;
propriété qui diſtingue la tourmaline.

Tous les deux ſont fuſibles en verre au chalumeau. Nous avons vu que celui provenant de
la tourmaline eſt toujours blanchâtre , au lieu
que celui de l'autre eſt noir.

Le ſchorle noir eſt la matière la plus abondante dans les granits , & ſe retrouve encore
dans pluſieurs autres roches. Il eſt bien rare de
le voir former à lui ſeul quelque maſſe conſidérable ; mais il eſt toujours ſans cryſtalliſation
bien déterminée , à moins que ce ne ſoit dans
quelque ſol volcanique.

Le *Schorle vert* du Dauphiné de *Deliſle*, *Thal-
lite de Daubenton*, porte dans la nomenclature de
Hauy le nom d'*Epidote*, pour exprimer un *ac-
croiſſement* d'un des côtés de ſa molécule intégrante, qui en fait un rectangle allongé , au lieu
que la plupart des autres ſubſtances du genre
ſchorle , ont la molécule oblique-angle.

Quelques naturaliſtes français ont déſigné ce
ſchorle vert ſous la dénomination de *Rayonnante
vitreuſe*, empruntée des Allemands , qui l'avoient
nommée *glaſſiger Strahl-ſtein* , & ont ainſi confondu une ſubſtance dans laquelle la ſilice prédomine viſiblement avec une autre dans laquelle
l'influence de la nature magnéſienne eſt évidente
comme nous l'avons déjà remarqué.

L'analyſe du ſchorle vert donne 37 centièmes de

filice, 27 d'alumine, 14 de chaux; 18 d'oxide de fer mêlé d'un peu d'oxide de manganèfe. Ces proportions font cependant fujettes à varier, excepté celle de la filice, qui eft toujours la plus forte. Il n'eft donc pas étonnant qu'il foit d'une dureté à rayer facilement le verre, & donner des étincelles au briquet. Sa pefanteur eft près de 3 fois & un huitième fon volume d'eau. Broyé, il fe réduit en une pouffière blanchâtre. Sa cryftallifation la plus ordinaire eft en prifmes longs & déliés, à 6, 8 ou 12 côtés, & approche vifiblement des formes du fchorle électrique & du fchorle noir; mais il a de plus une belle tranflucidité, avec un éclat naturel. Le plus fouvent, ces cryftaux font cannellés & réunis en faifceaux, ce qui a donné lieu à la dénomination de *Rayonnante*. La couleur eft le plus fouvent verte-foncée, mais auffi quelquefois jaune - verdâtre ou olivâtre. On ne les avoit d'abord trouvés que près d'Oiffans dans le ci - devant Dauphiné, dans les fentes d'une roche argilleufe, accompagnés d'autres efpèces de fchorle. Mais on a depuis découvert la même fubftance dans les Pyrénées, dans les Alpes & dans les montagnes du Nord.

L'OLIVIN ou *Olivinus*, nommé *Péridot* par *Daubenton* & *Hauy*, *Cryfolythe* par quelques autres, eft d'une dureté rayant le verre, & pèfe près de trois fois & demie fon volume d'eau. Il est infusible au chalumeau ; la crystallisation est le plus souvent en prismes cannellés, à bases rectangles, & ayant des sommets à plusieurs facettes. Cassure conchoïde, éclatante. La couleur est verte-jaunâtre, quelquefois même jaune - pâle, seulement avec une légère teinte verdâtre. L'analyse donne toujours les mêmes parties constituantes, de silice, d'alumine & de fer, mais en proportions variées, & quelquefois mêlées de magnésie. L'on peut toujours le qualifier de *Silice alumineuse ferifère*.

Les crystaux de Péridot, que l'on rencontre quelquefois chez les lapidaires, ont rarement au-delà d'un demi-doigt en longueur. Ils sont originairement du Ceylan & de l'île de Bourbon, où ils sont charriés par les rivières avec des fragmens de laves. Ils sont peu estimés en fait de bijouterie. Les Péridots d'Europe, plus connus sous le nom d'*Olivins*, ou *Chrysolites des volcans* (1), sont aussi engagés dans des laves & dans des basaltes. On les trouve en plusieurs endroits de la France, de l'Italie & de l'Allemagne. La variété fibreuse (2), & la granulaire (3), soit en masse, soit en grains détachés, sont abondans fur les bords du Rhin, près d'Unkal.

---

(1) *Olivinus Werneri. Gm.*
(2) *O. fibrosus. Gm.*
(3) Variété de l'*olivinus Werneri.*

La granulaire n'est en général que translucide ; au lieu que les variétés mieux cryftallifées font tranfparentes.

Le *Schorl vitreux* (1) eft nommé, par plufieurs favans, *Schorle tranfparent lenticulaire & Schorle violet* ; Thummer-ftein par les Allemands ; *Fer de hache* par *Daubenton*, & *Axinite* par *Hauy*, qui a la même fignification.

L'analyfe de cette fubftance varie ; mais il femble que fa compofition la plus ordinaire eft 44 centièmes de filice, 20 d'alumine, prefqu'autant de chaux, 14 d'oxide de fer & accidentellement un peu d'oxide de manganèfe. C'eft ainfi une *Silice alumine calcaire ferrugineufe*. L'abondance de la chaux en mêlange avec la filice fait qu'elle fe fond au chalumeau en verre, auquel l'oxide de fer donne une teinte noirâtre. Elle n'eft que d'une dureté rayant le verre, & fa pefanteur porte trois fois & un cinquième fon volume d'eau. Sa forme diftinctive eft celle d'un prifme à 4 côtés, un peu aminci vers un de fes bouts, & fouvent fillonné dans toute fa furface ; mais fa cryftallifation primitive, fuivant *Hauy*, eft rhomboïdale, ayant un angle de près de 102 degrés, & l'autre de 78. La couleur des cryftaux eft le plus fouvent violette avec tranf-

____

(1) *Schorlus vitreus.* L.

parence , quelquefois verte , avec une simple
tranflucidité , & rarement blanche , opaque. Leur
lieu naturel eft Oifans , du ci-devant Dauphiné.
On les a auffi trouvées à Barrège , aux Pyrénées,
& à Thum, en Saxe.

Le *nouveau Schorle violet* , de quelques natura-
liftes , nommé *Sphène* par *Hauy* , paroît ne faire
qu'une variété de l'efpèce précédente. Les caractères phyfiques & chimiques font abfolument les
mêmes. Toutes les deux ont des fous-variétés
violettes , vertes , & blanches-jaunâtres , avec
les mêmes degrés de tranfparence. Pour ce qui
regarde la cryftallifation , elle eft *oblique-angle*
& applatie dans l'une & dans l'autre, & quoique
Hauy en donne des efquiffes différentes , il eft
obligé de convenir , que la petiteffe des cryftaux
n'a pas permis de déterminer , avec certitude,
leur ftructure. Les échantillons qu'il avoit vu
provenoient d'une roche de feldfpath des environs
de St. Gothard : la variété trouvée par *Sauffure* ,
& que, dans fon *voyage aux Alpes* , il défigne
fous le nom de *Rayonnante en goutière* , eft une
des plus remarquables ; elle confifte en deux
rhombes plus longs que larges , applatis & joints
enfemble par le coin d'un de leurs côtés étroits,
de manière à former la reffemblance d'une goutière : c'eft ce que *Hauy* nomme *Coin* , ou
Sphène.

(167)

La Grenatine (1), que d'autres minéralogues avoient nommée *Leucite*, & que *Hauy* nomme *Amphigène*, avoit long temps été confondue avec le grenat, sous la dénomination de grenat blanc; mais elle diffère de cette espèce sous tant de rapports, qu'il est inconcevable qu'on ait pu l'y joindre.

Sa dureté suffit à peine pour rayer le verre, & sa pesanteur ne va pas même jusqu'à deux fois un quart son volume d'eau.

Son analyse a fourni 55 centièmes de silice, 25 d'alumine & 20 de potasse, de sorte qu'on peut lui donner à juste titre le nom de *Silice alumineuse alcaline*. Malgré cela, elle est infusible au chalumeau, sans doute à cause d'un mélange aussi considérable d'alumine. La crystallisation commune de la grenatine est de 24 facettes; mais sa substance est divisible parallèlement aux faces de cette forme, & en même temps à celles d'un dodécaèdre rhomboïdal. C'est de cette double division que dérive le nom qui lui a été attribué par *Hauy*, & qui doit signifier de *double origine*. Mais si le nom de *Leucite* est défectueux en ce qu'il n'indique que la couleur blanche que cette substance minérale a de commun avec tant d'autres, celui d'*Amphigène* est-il plus instructif, même pour ceux qui savent le grec?

---

(1) *Schorlus granatinus*. L.

Le nom de grenatine rappelle du moins son ancien nom de grenat blanc, & avertit en même-temps de ne pas la confondre avec le grenat.

C'est encore ici un exemple de la neutralisation parfaite des propriétés distinctives de la potasse, telles que son goût aigre & brûlant, sa solubilité & sa fusibilité; après s'être combinée avec la silice & l'alumine, elle forme avec elles un tout infusible, insoluble, & n'ayant aucune saveur. On peut regarder ce phénomène comme un trait de lumière rejaillissant sur la théorie obscure de la formation de plusieurs pierres, qui ne résistent peut-être pas à l'analyse que par le mélange, ou des proportions favorables à une adhérence plus étroite des parties composantes.

Les crystaux de la grenatine sont d'un blanc mar, quelquefois gris ou jaunâtre, le plus souvent dépourvus de transparence, & quelquefois d'une extrême petitesse. Ils se trouvent dans les laves des volcans, & *Romé Delisle* l'avoit regardé comme un grenat décoloré par le feu : opinion qui se trouve destituée de fondemens.

L'hyacinthe blanche cruciforme de *Delisle* (1), *andréolithe* de *Daubenton*, est nommée par *Haüy Harmotome*, ou qui se divise sur les jointures. Sa dureté ne raie que légèrement le verre, & sa pesanteur ne surpasse par deux fois & un tiers son

______

(1) *Crossopetra. Gm.*

volume d'eau. Sa poussière est phosphorescente sur le feu.

Les cryslaux les plus connus sont à douze facettes, allongés, & formant une croix rectangle ; mais la forme primitive est l'octaèdre rectangulaire, qui se subdivise sur les arêtes contiguës aux sommets. Cassure terne, rubanneuse. Fusibilité au chalumeau, avec bouillonnement. Contenu, d'après l'analyse de *Klaproth*, 49 centièmes de silice, 18 de baryte, 16 d'alumine & 15 d'eau ; ce qui en fait une *Silice barytée aquifère.* Sa couleur est d'un blanc mat, translucide ou opaque.

Cette substance a d'abord été découverte dans la chaux carbonatée d'*Andreasberg* de l'ancienne forêt d'Hircinie, ou Hartz. On en a trouvé depuis dans l'intérieur de quelques géodes-agathes d'*Oberstein* près du Rhin. Pour ne pas la confondre avec la variété du Zircone dodécaèdre, nommée aussi autrefois hyacinthe blanche, il suffit de faire attention à leur dureté & leur pesanteur respectives.

Le LÉPIDOLITHE (1) de *Lamétherie* & de *Hauy*, ou l'*Écailleuse* en français, présente en effet un tissu d'écailles plates cohérentes, d'une couleur le plus souvent violette claire ou lilas, mais ayant aussi quelquefois d'autres nuances. Consistance

---

(1) *Mica lepidolithus.* Gm.

H

facilement caffante , maigre & froide au toucher. Lames opaques avec un peu de tranflucidité
fur les bords. Pefanteur 3 fois & huit dixièmes fon
volume d'eau. Fufibilité au chalumeau en émail
blanc , bulleux & tranflucide. L'analyfe donne
plus de moitié de filice, un cinquième & plus
d'alumine , prefqu'autant de potaffe avec mélange
accidentel de chaux fluatée , d'oxide de fer & de
manganèfe. C'eft donc une *Silice alumineufe alcaline* , faifant une fubftance très-diftincte du *mica*
auquel *Gmelin* l'a jointe. Elle n'a été trouvée
jufqu'ici que dans une roche micacée à Rozena
en Moravie.

Le GADOLINITE eft un nouveau minéral trouvé
en Suède , & dans lequel on a découvert une nouvelle terre, nommée *Yttria* , d'après l'endroit où
on l'avoit obfervée pour la première fois , & enfuite *Gadoline* , en honneur du chevalier *Gadolin* , profeffeur d'Abo en Finlande , qui l'avoit
fait connoître aux chimiftes.

Ce minéral eft d'une contexture conchoïde noirâtre , affez dur pour donner des étincelles au
briquet & rayer un peu la filice. Il pèfe au-delà
de quatre fois fon volume d'eau.

Il eft rare d'en trouver des cryftaux ; mais
ceux qu'on a rencontrés paroiffoient s'approcher
des formes du grenat. Au chalumeau il rougit &
fe fendille fans fe fondre. Se diffout dans l'acide
nitrique étendu d'eau & chauffé.

Les analyses que *Vauquelin* & *Klaproth* en ont
faites a confirmé l'opinion du chimiste suédois,
qu'il entre dans la composition de ce minéral
une nouvelle terre qui a quelque rapport à la
Glucine, surtout par la saveur sucrée de ses
combinaisons salines, mais en diffère par son
insolubilité dans les alcalis caustiques, aussi
bien que par sa pesanteur, qui excède quatre
fois & huit dixièmes son volume d'eau & surpasse ainsi même celle de la *Baryte*. Les expériences de *Vauquelin* & de *Klaproth* ne s'accordent pas sur les proportions des parties constituantes du gadolinite. Son analyse a été répétée en Suède par M. *Ekeberg* avec l'exactitude
la plus scrupuleuse, & en voici le résultat,
tel qu'il se trouve dans les *Actes de l'académie
des sciences de Suède*, premier trimestre de 1802:
Gadoline 55 cent. & demi; *silice* 23; *oxide de
fer* 16 & demi; *glucine* 6 & demi; *manganèse* un
quart de centième, avec autant de substances vo-
latiles. D'après les principales de ces parties, on
peut donner à la pierre en question le nom de
Gadoline siliceuse ferrifère. Le mélange de *glucine*
n'avoit jamais encore été remarqué dans les analyses précédentes, mais il est admissible d'après
celle de *Vauquelin*, puisqu'il y avoit dix centièmes de perte. De nouvelles expériences éclairci-
ront s'il est constant ou accidentel.

H 2

Le Lazulite (1) de *Hauy* est plus connu sous le nom de *Pierre d'azur*, qui lui a été donné à cause de sa belle couleur bleue. Cette couleur résiste au feu, qualité qui distingue la pierre d'azur de la *pierre d'Arménie*, qui perd sa couleur à un feu médiocre, & qui n'a aussi que la dureté ordinaire de la chaux carbonatée, au lieu que la pierre d'azur approche de celle de la silice, & donne des étincelles au briquet. Sa cassure est fine, mais sans éclat, ni transparence. Sa pesanteur ne va pas tout à fait à trois fois son volume d'eau.

A un feu très violent il se boursouffle & se fond en émail, d'abord jaunâtre & ensuite blanchâtre, suivant le degré de chaleur qu'il subit. Après la calcination il est soluble en gelée dans les acides, au lieu que dans son état naturel il n'en est nullement attaqué, ni dans sa couleur, ni dans sa substance.

D'après l'analyse faite par *Klaproth*, la pierre d'azur contient 46 centièmes de silice, 14 d'alumine, 28 de chaux carbonatée, 6 de chaux sulfatée, 3 d'oxide de fer & 2 d'eau : de sorte que la pierre d'azur est une *Silice calcaire alumineuse*.

La pierre d'azur la plus estimée est celle dont l'extérieur est parsemé de grains ou de veines de fer sulfuré qui lui donnent un éclat d'or. Mais le

---

(1) *Lazurus*. L.

plus souvent elle n'a que des taches blanches, provenant d'un mélange de feldspate.

La couleur que l'on retire de la pierre d'azur est connue sous le nom de *Bleu d'Outre mer*; elle est d'un grand usage dans la peinture. Elle a quelquefois une légère nuance de pourpre. *Linné* a nommé cette pierre *Lazurus orientalis*, parce qu'elle a d'abord été trouvée en Turquie, en Perse & dans la Chine. Mais la plus belle pierre d'azur que l'on connoisse s'exploite en Sibérie.

Le *Lazulite* de *Werner*, que l'on a découvert à Vorau en Autriche, paroît différer de la pierre d'azur par le défaut de chaux dans sa composition, & dont l'absence le rend infusible.

On n'en a trouvé jusqu'ici qu'en très-petite quantité, & les échantillons, que *Klaproth* avoit pu se procurer, n'ont pas suffi pour une analyse exacte; de sorte que la nature de cette pierre est encore un peu problématique.

En général, ses couleurs sont moins éclatantes, & sa consistance moins dure que celles de la pierre d'azur ordinaire.

L'HYACINTHINE, l'*Idocrase* de *Hauy*, nom qui signifie à *formes mixtes*, ou ressemblant à celles de plusieurs autres minéraux, a été appellée par quelques auteurs *Vésuvienne* (1), & *Hyacinthe brune* des volcans.

-----

(1) *Scortus vesuvianus.* Gmel.

Ses cryſtaux ſont des priſmes à 8 côtés, terminés par des pyramides incomplets à quatre
faces, ou bien des cubes modifiés par des facettes plus ou moins nombreuſes ; mais la forme
primitive eſt le priſme à quatre faces approchant
du cube, & la molécule intégrante eſt le priſme
triangulaire à baſe rectangle iſocèle. La caſſure eſt
raboteuſe, quelquefois un peu ondulée, mais
toujours avec peu d'éclat.

L'hyacinthine n'a que la dureté qu'il faut pour
rayer le verre, & ſa peſanteur varie entre 3 &
3 fois & un cinquième ſon volume d'eau.

Elle eſt fuſible au chalumeau en verre jaunâtre.
Son analyſe, ſuivant *Klaproth*, donne 42 centièmes de ſilice, 34 de chaux, 16 d'alumine,
5 d'oxide de fer & une petite portion d'oxide de
manganèſe. L'échantillon analyſé étoit originaire
de la Sibérie.

Un autre, provenant du Véſuve, avoit donné
moins de chaux, plus d'alumine & d'oxide
de fer.

Cette pierre, que l'on rangeoit autrefois avec
l'hyacinthe, eſt ſouvent de couleur brune jaunâtre, ayant très-peu de tranſlucidité ; mais il y
en a une variété orangée, une autre verte-jaune &
d'une belle tranſparence. Les lapidaires de Naples
déſignent cette dernière ſous le nom de *Chryſolithe*.

Une autre variété, de couleur verte foncée,

a quelque reſſemblance avec l'émeraude , mais
lui eſt très - inférieure en tranſparence & en
éclat.

L'hyacinthine ſe trouve en abondance près du
Véſuve , dans des fragmens de roches vomis par
le volcan. C'eſt pourquoi on l'appelle en Italie
Gemme du Véſuve. On en a auſſi de Sibérie qui
ſont d'une couleur verte-jaunâtre , très-foncée ,
& que l'on a trouvés diſſéminés dans une roche
de ſerpentine.

Il exiſte de plus une variété limpide ou blanchâtre , dont *Hauy* fait une eſpèce particulière ,
ſous le nom de *Méionite* ou de *moindre hauteur* , à
cauſe d'un ſurbaiſſement qu'il a obſervé dans le
pyramide qui termine le priſme. Mais comme
c'eſt là la ſeule différence géométrique , & que
les caractères phyſiques & chimiques ſont tous
les mêmes que dans ſon *Idocraſe* ou l'*Hyacinthine* ,
il paroît peu néceſſaire de les ſéparer. Cette variété ſe rencontre à la *Somma* , près du Véſuve ,
c'eſt pourquoi que *Romé Deliſle* l'avoit nommée
Hyacinthe de la Somma.

Je regarde encore comme variété de cette
même eſpèce le *Pyroxène de Hauy* , ou *Schoele* des
volcans de *Daubenton.* Les caractères phyſiques ,
tels que dureté & peſanteur , ſont abſolument les
mêmes , & dans la cryſtalliſation il n'y a d'autre
différence qu'un noyau primitif un peu rhomboïdal,

dans le pyroxène , suivant *Hauy*, mais qu'il est très - difficile de vérifier , vu la petitesse ordinaire de ses crystaux. Quant aux caractéres chimiques, tous les deux sont fusibles au chalumeau, quoique le dernier le soit peut-être un peu plus difficilement. Pour ce qui regarde l'*analyse*, les deux pierres contiennent à peu près les mêmes élémens; savoir : de la silice, de l'alumine, de la chaux, de l'oxide de fer & de l'oxide de manganèse ; & les différences dans les proportions ne sont guéres plus considérables entre tous les deux, que les variations qui se montrent dans chacune de ces prétendues espèces considérées séparément. Nous avons déjà remarqué cette circonstance dans l'*Idocrase de Hauy* , & voici deux analyses du pyroxène :

1°. 52 centièmes de silice , 14 de chaux , 3 d'alumine, 10 de magnésie , 15 d'oxide de fer, & 2 d'oxide de manganèse.

2°. 45 centièmes de silice , 30 de chaux , 3 d'alumine, 5 de manganèse & 16 d'oxide de fer.

Ne seroit il pas présumable qu'une troisième analyse pût donner plus d'alumine , & moins de chaux ou de silice ? que devient alors la différence ? Je n'insisterai pas sur l'analogie tirée des couleurs; mais la teinte verdâtre qui, dans toutes les deux perce à travers les couleurs des sous-variétés plus sombres , semble cependant devoir se rap-

porter à une identité de caufe. Il eft vrai que
les fous-variétés blanches & grifes dans le pyroxène font vifiblement des cryftaux décolorés
par le feu, au lieu que ceux de l'idocrafe portent
rarement l'empreinte d'une détérioration femblable ; mais comme ceux compris fous le premier
nom font comparativement très-petits, on peut
concevoir qu'ils aient été plus facilement pénétrés
par la chaleur, & que c'eft d'une caufe femblable
que dérive la petite différence qui les diftinguent
des cryftaux rangés fous le nom d'idocrafe.
Mais le nom du pyroxène, ou *étranger dans le*
domaine du feu, quoiqu'il fe trouve le plus fouvent engagé dans les laves & dans les bafaltes,
auroit pu convenir également à l'autre, puifqu'il
fe rencontre auffi dans des roches qui paroiffent
n'avoir jamais fubi d'action volcanique, en
même temps qu'il abonde avec lui dans les maffes
vomies par les volcans. Auffi ont-ils en effet trop
de rapport pour être confidérés autrement que
comme des variétés d'une même efpéce, à laquelle nous conferverons le nom d'*Hyacinthine*,
pour rappeler en même temps fes reffemblances
& fes différences avec l'*Hyacinthe*.

Une fubftance que *Hauy* nomme *Anatafe*, qui
veut dire *étendue en hauteur*, avoit été connue fous
les noms d'*Oifanite*, & de *Schorl bleu octaèdre du*
Dauphiné. Elle eft d'une dureté rayant le verre,

ſans donner des étincelles au briquet. Sa peſanteur eſt de 3 fois & neuf dixièmes ſon volume d'eau. Elle eſt infuſible au chalumeau , à moins qu'on n'y ajoute du borax ; mais en parties égales avec ce fondant, & expoſée à une forte chaleur , elle paſſe à un verre couleur d'émeraude & d'une belle tranſparence ; ſi l'on augmente la proportion du borax , l'on obtient un verre brun d'hyacin-the ; & ce même verre , chauffé à la pointe de la flamme , perd ſa tranſparence & tourne d'abord en un émail bleu foncé, qui devient enſuite blanc par la continuation du même procédé. Mais ſi l'in-tenſité de la chaleur augmente, la tranſparence & la couleur d'hyacinthe reviennent ; & l'on peut renouveller, à volonté, les mêmes phénomènes, ſuivant les expériences de M. *Eſmarck*, chimiſte ſuédois, qui ont été répétées par *Vauquelin*. On pourroit la nommer la CHANGEANTE.

Quoique la couleur naturelle des premiers échantillons que l'on avoit trouvés de cette ſubſtance lui avoit fait donner le nom de *Schorl bleu*, elle eſt auſſi quelquefois *brune noirâ-tre* , avec des reflets d'un *gris métallique*, qui lui donnent de la reſſemblance au zinc ſulfuré. Elle eſt en général opaque, mais les bords minces ont une tranſlucidité jaune verdâtre.

Les chimiſtes n'ont pas encore eu des quantités ſuffiſantes de l'anataſe pour en faire l'analyſe. Sa cryſtalliſation n'eſt pas non plus aſſez déterminée à cause de la petitesse des morceaux, mais *Hauy* croit que la forme primitive est un octaèdre rectangulaire sur une molécule intégrante d'un tétraèdre irrégulier.

On a trouvé cette substance dans les montagnes d'Oisans, près d'Allemont en Dauphiné, parmi des crystaux de silice vitreuse & de silice alcaline blanche.

Le *Sommite*(1) de *Lamétherie* & de *Daubenton*, *Nepheline* de *Hauy*, est fusible en verre par un feu prolongé, & donne, d'après l'analyse de *Vauquelin*, environ la moitié de silice & autant d'alumine, 3 centièmes de chaux, mêlée d'un peu d'oxide de fer. On peut la nommer *Silice alumineuse ferricalcaire*. Sa pesanteur est de 3 fois & un cinquième son volume d'eau ; elle ne raie que difficilement le verre, & y laisse souvent une trace blanchâtre de sa propre substance. Sa crystallisation est le prisme régulier à 6 côtés, à cassure éclatante, conchoïde, & d'une assez belle transparence, qui se trouble un peu dans l'intérieur des fragmens plongés dans l'acide nitrique, ce qui a donné à *Hauy* l'idée de la nommer *Nepheline* ou NEBULEUSE. L'ancien nom de sommite vient de la *Somma*, près du Vésuve, où on l'avoit d'abord découverte. Ses crystaux sont ordinairement très-petits, & disposés par grouppes dans les cavités des laves.

---

(1) *Scorlus granatinus*, Gm. Variété.

Le *Ceylanite* de *Daubenton* (1), ou *Grenat brun de Delisle*, est nommé par *Hauy Pléonasle* ou Sur-abondant, à cause d'un superflu de facettes dans quelques unes de ses cryslallisations.

L'analyse de cette pierre offre 64 centièmes d'alumine, 12 de magnésie & 16 d'oxide de fer, avec un atome de silice & quelque perte ; de sorte qu'elle forme une *alumine magnésienne ferrifère*. Elle est au reste infusible, rayant la silice, & très-difficile à briser sous le marteau. Sa pesanteur est de trois fois & quatre cinquièmes son volume d'eau. Sa cryslallisation est le plus souvent à 12 facettes, comme le grenat ou comme une variété du spinelle, avec lequel elle a de plus la ressemblance de la forme primitive, qui, dans tous les deux, est à 8 faces régulières, sur une molécule intégrante à 4 faces. Leur pesanteur est aussi à peu près la même. La couleur est la seule marque distinctive extérieure : celle du pléonaste est quelquefois pourpre, mais le plus souvent noire, avec une légère teinte verdâtre sur les bords amincis des fragmens, & se réduit par le broiement en une poussière grise - verdâtre : les petits cryslaux de cette substance, apportés d'abord de Ceylan, ont été reconnus depuis dans les laves du Vésuve.

La Laiteuse (2), ou le *Leucolite* de *Dau-*

---

(1) *Scorlus ceilanites.* Lin.
(2) *Gemma scyrlites.* L.

benton est nommée *Schorl blanc prismatique* par *Delisle*, & *Hauy* la désigne sous le nom de *Pycnite*, qui doit signifier *Compacte*. Elle raie légérement la silice, & parfaitement bien le verre, quoiqu'elle soit d'ailleurs très fragile dans le sens transversal des crystaux. Sa pesanteur est de trois fois & un quatrième son volume d'eau. Ses crystaux dérivent tous du prisme à six côtés égaux. Leur cassure est terne, & légérement écailleuse. La couleur est ordinairement blanchâtre, mais aussi quelquefois avec des nuances tirant sur le rouge, le jaune ou le vert.

Cette substance est infusible au chalumeau. Son analyse donne de la silice & de l'alumine avec 3 centièmes de chaux & un peu d'eau. Ce qui doit la faire nommer *Silice alumineuse aquifere*.

Son unique lieu natal, bien avéré jusqu'ici, est *Altenberg*, en Saxe.

La Croisette (1) de *Daubenton*, *Staurotide* de *Hauy*, raie foiblement la silice, & pèse environ 3 fois & trois dixièmes son volume d'eau. Sa forme primitive est le prisme droit rhomboïdal, qui se divise en deux dans le sens des petites diagonales de ses bases; mais la plus ordinaire est le prisme à six côtés. On voit souvent deux

---

(1) *Scorlus cruciformis* d'après Delisle, *Inconnu* à Linné.

ou trois de ces prismes se croisant d'une manière symétrique. La cassure est raboteuse & peu luisante. Couleur brune ou grise. L'analyse, faite par *Vauquelin*, porte de la silice avec de l'alumine, & de plus 14 centièmes d'oxide de fer, mêlé d'un peu d'oxide de manganèse & près de 4 de chaux. On peut donc la nommer *Silice alumineuse ferri-calcaire*.

Ce minéral avoit d'abord été apporté de Saint-Gothard, sous le nom de *Granatite*; mais il a été trouvé depuis en abondance dans les départemens du Morbilan & de Finistère, & surtout dans les environs de Quimper.

Nous touchons à un genre de pierres dont la dureté, l'éclat, la petitesse & la rareté leur ont acquis le nom de *Pierres fines* (1). Le premier échelon de cette division précieuse est formé par le GRENAT (2), ainsi nommé, parce que le grenat, proprement dit, est d'une couleur approchant de celle des grains de grenade; mais des ressemblances de formes & d'autres analogies ont étendu la même dénomination à différentes autres pierres, dont la composition n'est pas exactement la même, quoiqu'en général elle offre une *Silice alumineuse ferri-calcaire*. Leur pesanteur varie aussi entre 3 fois & un troisième & 4 fois & un cinquième leur volume d'eau, suivant la quantité d'oxide de fer qui entre

____

(1) *Gemma*. Lin.
(2) *G. granatus*. Id.

dans leur compofition ; mais elles font toutes
affez dures pour rayer la filice, toutes fufibles
au chalumeau, & ont de commun la cryftallifation primitive en 12 facettes rhomboïdales, fur
une molécule intégrante de quatre facettes triangulaires ifocèles & égales.

Le vrai grenat de Bohême, ou celui de
couleur coquelicot, analyfé par *Klaproth*, a
donné 40 centièmes de filice, 28 d'alumine,
10 de magnéfie, 4 de chaux, 16 centièmes d'oxide
de fer fervant de principe colorant, avec un
foupçon d'oxide de manganèfe, & une petite perte.

Le grenat vermeil ou rouge-orangé donne un peu
moins de filice & d'alumine, mais plus que le double d'oxide de fer. C'eft de même avec le grenat-
orangé-rouge, nommé communément *Hyacinthe la
belle*, & celui de couleur violet pourpré, ou le
Grenat fyrien. Mais les variétés jaunâtres, verdâtres & brunes, tirant fur le noir, ont fouvent
moins d'oxide de fer & une plus forte portion
de chaux.

On ne connoît pas précifément à quelle variété appartenoit l'*Efcarboucle*, dont les anciens
faifoient un fi grand cas ; mais fon nom, qui
fignifie *Charbon ardent*, & la defcription que *Pline*
nous en a laiffée, donnent lieu à croire que la
couleur étoit *rouge jaunâtre*, & que la pierre étoit
un véritable grenat, puifqu'il n'exifte aucune
autre pierre d'une femblable couleur, & dont on

pourroit trouver des cryſtaux *aſſez grands pour
en faire des vaſes*, comme nous l'apprenons du
même auteur. On voit encore dans quelques cabinets des grenats d'un volume convenable pour
un pareil uſage.

Le grenat approche beaucoup des pierres fines,
mais s'en diſtingue par une teinte ſombre, même
dans ſes couleurs les plus éclatantes. La tranſparence de ſes cryſtaux eſt auſſi extrémement foible, auſſitôt qu'ils ont quelque épaiſſeur. Les
grenats bruns ſont preſque opaques. Il eſt de
même avec les cryſtaux noirs, qu'on trouve dans
la montagne de *Fraſcati*, près de Rome, & auxquels *Klaproth* a donné le nom de *Mélanite*, dans
l'intention d'en faire une eſpèce différente ; inno-
vation qui n'a pas été généralement adoptée.
Pour diminuer dans les grenats colorés cette in-
tenſité qui leur donne une teinte ſi ſombre, on
les taille en forme très convexe & creuſe, ce qui
augmente la tranſparence & fait paroître la beauté
des couleurs. Les plus eſtimés, en bijouterie,
ſont le violet pourpré & le coquelicot.

Les grenats ſe trouvent dans toutes ſortes de
veines appartenantes aux terrains primitifs, & ſervent de baſe à différentes roches.

On en rencontre auſſi dont la ſubſtance eſt
mêlée de parcelles d'or, & d'autres empâtés dans
du fer ſulfuré, contenant même quelquefois
du fer en *état métallique*, au point d'avoir une

action manifeste fur le barreau aimanté. La vertu
magnétique a de plus été obfervée dans les grenats les plus tranfparens , & dans lefquels il n'y
avoit pas la moindre apparence de quelque mélange
ferrugineux, autre qu'en état d'oxide & faifant
la fonction de matière colorante. Ce phénomène
eft propre à faire naître le foupçon , que la nature a des moyens encore inconnus de combiner
les métaux avec les fubftances terreufes , pour
produire une dureté & un éclat dont ces dernières
ne feroient pas d'elles mêmes fufceptibles , & que
c'eft là peut-être l'origine des pierres-gemmes ?

Les pierres fines , ou GEMMES , proprement
dites , peuvent être rangées fous deux divifions :
les *Gemmes occidentales* & *orientales*.

Celles d'Occident font : l'*Emeraude* , le *Chry-
beril* ou *Cymophane* , la *Topaze* ou *Variable* & le
Spinelle.

L'*Emeraude* (1) le cède aux autres pierres fines
en dureté & en pefanteur : elle raie difficilement
la filice , & ne pèfe que deux fois & trois quarts fon
volume d'eau ; mais fa belle couleur, d'un vert
d'herbe , & le *brillant* de fa tranfparence , qui lui
a valu fon nom, lui ont toujours confervé une
place parmi les gemmes. Sa forme primitive eft
le prifme à fix côtés égaux , & la molécule intégrante le prifme triangulaire. La caffure eft on-

______

(1) *Gemma fmaragdus.* Lin.

dulée & brillante. Elle se rapproche ainsi beaucoup du crystal de roche, & il entre dans sa composition beaucoup plus de silice que d'alumine, & de plus une nouvelle terre que *Vauquelin* a nommée *Glucine*, ou mielleuse, à cause du goût sucré que cette substance donne à ses combinaisons avec les acides.

L'analyse de l'émeraude vert-de-pré, ou l'*Emeraude du Pérou*, donne 14 à 16 centièmes de glucine, presqu'autant d'alumine, 64 à 68 de silice, 1 à 3 d'oxide de fer & de chrome, 1 à 2 de chaux, avec un peu d'eau de crystallisation. C'est une *silice glucine chromique. Hauy* a réuni à l'émeraude les pierres suivantes :

L'*Aigue marine*, ou *Beril*, de couleur d'eau de mer, ou *verte bleuâtre*, plus ou moins claire, & quelquefois même presque limpide.

Le *Chrysolithe*, de couleur *jaune verdâtre.*

Le même *jaune-roussâtre.*

Mais toutes ces pierres, n'ayant pour principe colorant que l'oxide de fer seul, & ne formant ainsi que de la *Silice-glucine ferrifère*, devroient peut-être conserver le nom d'aigue-marine & de chrysolithe.

Les émeraudes du Pérou se rencontrent dans les cavités des montagnes granitiques, & dans des couches de schistes argilleux.

Celles de Sibérie occupent des filons de diffé-

rentes natures qui ont fans doute de l'influence
fur les variétés des teintes de cette pierre.

Des cryftaux verdâtres , en prifmes réguliers
à fix côtés, découverts dans les montagnes granitiques de la Bourgogne & dans le Forez , ont
été pris pour des émeraudes; mais il refte encore
à confirmer cette opinion par l'analyfe.

Dombey avoit rapporté du Pérou une pierre
verdâtre beaucoup plus dure que l'émeraude ,
mais en même temps très - facile à brifer ,
& qui à caufe de cette propriété avoit été
nommée *Euclafe* (1) , qui fignifie littéralement
bien caffante. On ne peut guères la ranger parmi
les pierres gemmes , autrement qu'à la fuite
de l'émeraude avec laquelle on lui a trouvé une
grande analogie chimique , en ce que toutes les
deux contiennent à peu près une égale portion
de glucine , & fe réduifent au chalumeau en
verre d'un blanc d'émail. Il ne feroit peut-
être pas inconvenable de lui confacrer le nom
d'*Emeraudite.* Ses caractères phyfiques font une
pefanteur de trois & deux tiers fon volume
d'eau , & une dureté eft affez confidérable pour
rayer très - bien la filice ; mais il fuffit d'un
coup de marteau pour la fé arer en lamines
reffemblantes à celle du fpath d'Iflande, à l'ex-
ception de la forme rhomboïdale. La cryftallifa-

____

(1) *Gemma Euclafius.* L.

tion primitive de l'émeraudite est le prisme droit à base rectangle , ayant la molécule intégrante de la même forme , la cassure lamelleuse conchoïde en feuilles très-brillantes, & se séparant facilement. Dans une direction parallèle à la longueur des cristaux, souvent la réfraction est double dans un haut degré.

L'analyse que *Vauquelin* a faite de cette pierre prouve qu'elle est composée de 14 à 15 centièmes de glucine , 18 d'alumine , 36 de silice , d'un peu de fer , & de 27 à 30 centièmes d'une matière volatile qui s'étoit évaporée pendant l'opération, & que l'on suppose être un alcali , avec une certaine proportion d'eau de cristallisation. C'est donc une *Silice-glucine aquifère*.

Le peu de cohérence entre les lames de cette pierre la rend moins propre à être taillée ; de sorte que la découverte en est peu intéressante, à moins qu'on ne puisse regarder sa division si facile en lames parallèles, & ses autres différences de l'émeraude, comme un commencement de la décomposition de cette gemme.

L'*Émeraudite de Lamétherie* , *Dioptase de Haüy*, ressemble beaucoup à l'émeraude par la couleur & par la transparence , & même un peu par sa cristallisation en douze facettes, qui sembleroit être une modification du prisme à six côtés , terminée par des pyramides à trois facettes ; mais l'émeraude est

plus dure, & raie assez bien le verre, au lieu que
l'autre le raie à peine; l'émeraude est aussi d'un
sixième plus léger à volume égal; mais ce qui
les distingue encore plus essentiellement, c'est
l'analyse chimique, qui découvre dans l'émeraudine 43 centièmes de chaux carbonatée, 28 de
silice, & pour matière colorante 29 de cuivre
oxidé, au lieu que l'émeraude est colorée par
l'oxide de chrome avec une composition tout-à-
fait différente.

L'émeraudine, traitée au chalumeau avec du bo-
ras, finit par donner une globule de cuivre,
de sorte qu'on peut la regarder comme une
mine *carbonatée siliceuse* de ce métal. Aussi la
trouve-t-on en Sibérie avec les malachites. *Hauy*
l'a nommée *Dioprase*, parce que l'on voit à travers
de la substance de la pierre les lames intérieures.

Le *Chrysobéril* (1), ou *Cymophane* de *Hauy*, &
que j'oserai nommer en français *Lait flottant*, d'a-
près une propriété de cette gemme de réfléchir une
nuance laiteuse bleuâtre, qui semble flotter dans
l'intérieur de la pierre. Sa pesanteur est 3 fois &
quatre cinquièmes son volume d'eau. Sa dureté
est inférieure à celle des gemmes orientales, dont
elle se laisse rayer, mais raie elle même fortement la silice.

Elle est, comme la première, infusible au feu &

____

(1) *Gemma chrysoberillus.* L.

insoluble à l'eau. Sa forme primitive est *parallé-lipipède* ou quarrée oblongue, & sa cassure lamel-leuse dans une direction parallèle aux côtés du même quarré.

Son analyse, faite par *Klaproth*, donne 71 & demi centièmes d'alumine, 18 de silice, 6 de chaux, 1 & demi de fer & 3 centièmes de perte. On peut le regarder comme une *alumine siliceuse calcaire*.

La couleur de cette pierre est constamment verte jaunâtre, mais elle se distingue du topaze-peridot par ses reflets bleuâtres laiteux, qui rendent aussi sa transparence un peu nébuleuse.

Le cymophane est originaire du Brésil; on en rencontre aussi à Ceylan & en Sibérie.

La *Topaze* (1), qu'on pourroit à juste titre nom-mer la *Variable*, parce qu'elle varie beaucoup plus qu'aucune autre gemme, est d'une dureté rayant facilement la silice, & d'une pesanteur de trois & un quart celle de son volume d'eau. Elle est électrique par le frottement, infusible au chalu-meau & insoluble dans l'eau. Sa forme primitive est le prisme quadrangulaire à base rhomboïdale, & sa molécule intégrante de même. Cassure con-choïde & brillante.

L'analyse, faite par *Vauquelin*, lui a donné 68 cen-tièmes d'alumine & 31 de silice, avec un de perte.

Voici les principales variétés :

____

(1) *Gemma topazius* L.

La topaze rouge, nommée *Rubis du Bréfil* par les lapidaires.

La topaze rouge jaunâtre, ou *Rubacelle*.

La topaze jaune rougeâtre, ou *Topaze du Bréfil*. Cette pierre, expofée à une forte chaleur dans un creufet, prend une teinte plus agréable, & reffemble au rubis du Bréfil.

La topaze jaune faffrannée, ou *Topaze des Indes*.

La topaze jaune, ou le *Chryfoprafe*.

La topaze jaune-pâle ou de *Saxe*; elle perd fa couleur au feu.

La topaze d'un blanc-mat ou *laiteufe*, que l'on trouve auffi en Saxe.

La topaze jaune-verdâtre, ou *Chryfolithe* des lapidaires.

La topaze bleue-verdâtre, ou *Saphir du Bréfil*, que quelques auteurs confondent avec le faphir aigue-marine orientale & avec le beril.

La topaze *incolore* ou limpide, que l'on a trouvée en Sibérie.

Les anciens ne connoiffoient que la variété bleue-verdâtre, & le nom de topaze lui vient de l'endroit où on l'a trouvée, qui, fuivant *Pline*, étoit une île de la mer Rouge

La topaze du Bréfil & celle de Saxe paroiffent au premier coup-d'œil des gemmes très-differentes; mais elles ont toutes les deux affez de rapports avec les variétés intermédiaires apportées de Sibérie, pour être rangées dans une même eſpece avec elles. Les caractères phyſiques & chimiques achèvent leur analogie.

On trouve les topazes implantées dans des roches ſiliceuſes calcaires ou argilleuſes; & celles de Saxe, dont le giſſement eſt le moins connu, ſe trouvent ſouvent enveloppées d'une matière non cryſtalliſée, mais qui ſemble d'ailleurs être la même que celle de la topaze, & que l'on emploie à la polir.

Le *Spinelle* (1) raie fortement le cryſtal de roche, & ne ſe laiſſe rayer que par le diamant & par les gemmes orientales. Il eſt très-électrique par frottement. Sa peſanteur eſt de 3 fois & trois-quarts ſon volume d'eau. Il eſt infuſible au chalumeau & inſoluble dans l'eau.

L'analyſe que *Vauquelin* en a faite indique 82 centièmes d'alumine, 8 & trois quarts de magneſie, 6 un quart d'acide chromique, le même qui colore le plomb rouge de Sibérie, tandis que l'oxide de chrome eſt vert, & colore les émeraudes.

C'eſt en effet de l'*Alumine chromatée*.

Sa forme primitive eſt à huit facettes régulières & ſa molécule intégrante eſt à quatre. La caſſure eſt vitreuſe.

Les variétés de cette pierre ſont :

Le ſpinelle écarlate ou *rubis ſpinelle* des lapidaires.

Le Spinelle noirâtre ou *ceylanite*.

---

(1) *Gemma ſpinellus.* L.

Le spinelle rose, ou *Rubis-balais.*

Le spinelle rouge jaunâtre, ou *Rubicelle.*

Le spinelle *Orangé* ou *Vermeille.*

Le spinelle violet, ou *Améthyste d'Orient.*

Les spinelles se trouvent à Ceylan dans une rivière ayant sa source dans les hautes montagnes qui occupent le milieu de l'île.

Les spinelles, d'une certaine grandeur & d'une belle transparence, sont estimés la moitié du prix d'un diamant du même volume & d'un même travail.

Le *Zircone* (1), vulgairement jargon & hyacinthe, est le plus pesant des pierres fines, & pèse jusqu'à 4 fois & deux cinquièmes son volume d'eau; mais sa dureté n'y répond pas; il ne raie que difficilement la silice, & se laisse rayer par toutes les pierres fines, proprement dit. Il est infusible au chalumeau, mais perd facilement sa couleur, même à la flamme d'une bougie. Sa forme primitive est de deux pyramides à quatre facettes chacun, joints ensemble par leurs bases. La molécule intégrante est composée de quatre facettes inégales. La division des lames suit la direction de l'axe. La cassure est ondulée & éclatante, mais la politure ordinairement un peu grasse. Réfraction double à un degré facile à remarquer.

____

(1) *Zirconius ceylanicus.* Gm.

I

Cette gemme a été divisée, sans raison suffisante, en deux variétés : l'hyacinthe & le jargon. Toutes les deux ont pour principale partie constituante une substance terreuse nouvellement découverte & distinguée par le nom de *Zircone*, différente de l'alumine par son indissolubilité à chaud dans les alcalis, de la silice par sa dissolubilité dans l'acide nitrique, & de la chaux par son défaut d'attraction pour l'acide carbonique. L'hyacinthe contient, d'après l'analyse de *Vauquelin*, 64 centièmes de zircone, sur 32 de silice & 2 de fer. La couleur de cette variété est orangée avec une teinte brune. Elle se rencontre en France, mais plus fréquemment dans les Indes orientales. Sa crystallisation est ordinairement à 12 facettes, comme la topaze d'Orient, mais celle-ci est moins pesante & plus dure ; la direction de leurs lames est encore différente. La variété, que l'on a nommée *Jargon*, probablement parce qu'il contrefait le diamant & plusieurs autres pierres fines, a la même ressemblance avec le grenat rouge orangé, nommé *Hyacinthe la belle* ; mais qui en diffère par sa fusibilité au chalumeau ; elle donne, d'après l'analyse faite par *Klaproth*, environ 70 centièmes de zircone, sur 26 de silice & un de fer.

Le jargon, dit de Ceylan, mais que l'on trouve aussi en France, est susceptible d'un très-beau poli, avec une transparence pure. Il a souvent été vendu pour un diamant coloré. Il est cependant beaucoup plus pesant, moins dur & très-inférieur en éclat. Les autres sous-variétés sont la rouge, ou jargon de rubis ; la jaune, ou jargon de topaze ; la verdâtre, ou jargon d'émeraude ; la jaune-verdâtre, ou jargon de chrysolithe ; la blanche limpide, nommée vulgairement *Jargon d'hyacinthe*, mais que l'on nommeroit, avec plus de raison, *Jargon de diamant*.

Le *Corindon* (1) est ainsi nommé dans l'Inde, & ce nom est préférable à celui de *Spathe adamantin*, par lequel la même substance a été désignée jusqu'ici des minéralogues : elle n'a aucune analogie avec les spathes.

Le corindon est assez dur pour rayer fortement la silice, & sa pesanteur est près de 4 fois son volume d'eau. Il est infusible au chalumeau, & son analyse, faite par *Klaproth*, approche plus de celle de la gemme orientale, que de toute autre substance connue.

Cette analyse donne près de 90 centièmes d'alumine, 5 de silice, 1 à 2 d'oxide de fer, avec quelque perte. Sa crystallisation est à six & à douze facettes, & les marques que porte sa cassure de lames perpendiculaires à l'axe, ont aussi beaucoup de rapport avec ces sortes de

____

(1) *Adamantinus corundum*. Linn.

gemmes ; la feule différence entre eux, feroit
donc l'apparence un peu rhomboïdale obfervée
dans les formes primitives du corindon, mais
qui, d'après des recherches ultérieures de *Hauy*,
n'eft pas même fans exemple dans les gemmes
orientales. Les couleurs font à peu près les mêmes
que dans les gemmes du premier ordre ; il y en
a de rouges, de bleues, de jaunes, de verdâtres,
& encore de brunes & de noirâtres. La tranfparence eft parfaite dans le corindon couleur de
rofe de Ceylan. Il n'y a que de la tranflucidité
dans la plupart des autres, & les noirs font
opaques. Le plus grand nombre de ces cryftaux
viennent du Bengale & de Madagafcar. Il eft
connu, que les Chinois fe fervent de la pouffière
de cette gemme, pour tailler & polir d'autres
pierres précieufes. L'on peut, en général, le
fubftituer à l'émeril (1) avec économie de temps
auffi bien que de matière.

Les pierres fines, comprifes fous la dénomination de GEMME ORIENTALE, ont fur les autres une
fupériorité qui leur a valu le nom grec de *Téléfe*
ou parfaite, qu'elles portent dans l'ouvrage de
Hauy.

La gemme orientale eft toujours de la même
nature, quelque foit la variété de fes couleurs.

____

(1) *Smiris*. L.

Elle est infusible au chalumeau & insoluble dans les acides.

On l'avoit placée à la tête des substances siliceuses, à cause de sa dureté, puisqu'elle donne des étincelles au briquet, raie toutes les autres pierres, & n'est rayée que par le seul diamant ; mais l'analyse exacte, que *Klaproth* en a faite, prouve qu'il n'y entre pas dans sa composition un seul brin de silice, & qu'elle n'est formée que d'*Alumine*, avec une très-petite portion de *fer*, mais qui suffit sans doute pour lier les molécules d'alumine plus étroitement, & occasionne ainsi la dureté de la substance, aussi bien que son poids : elle pèse jusqu'à quatre fois son volume d'eau. Sa contexture est en lames perpendiculaires à l'axe des cryftaux, qui sont formés de deux pyramides à six, quatre ou trois facettes, jointes ensemble par leurs bases, mais rarement bien prononcées. La molécule intégrante doit être, suivant *Hauy*, le prisme à trois côtés égaux.

L'on distingue dans la gemme orientale trois espèces principales, le Rubis, la Topaze & le Saphir. Toutes d'une transparence & d'un éclat qui approchent le plus du diamant.

Dans le *Rubis* (1), c'est toujours la *couleur*

____

(1) *Gemma rubinus.* L.

I 3

rouge qui prédomine ; mais elle n'est jamais pure. L'on y distingue les variétés suivantes :

Le *Rubis pourpré*, d'un rouge foncé, avec une teinte de *bleu*, dans la proportion d'un quart sur trois de la couleur principale. Le *Rubis vermeil*, ou la vermeille orientale de *Buffon*, a le rouge mêlé de *jaune* dans la proportion d'un huitième sur sept de rouge. Le *Rubis ponceau*, dont le rouge est mêlé d'un quart de jaune.

La TOPAZE orientale (1) est d'un fond jaune, mais avec des variations marquées. On nomme *Topaze aurore* celle qui a un tiers de rouge sur deux tiers de jaune, formant ensemble une couleur jaune rougeâtre. La *Topaze hyacinthe* (2) est d'une couleur composée de jaune & de rouge en proportions égales, avec un reflet blanc flottant dans l'intérieur de la pierre. La topaze *Chrysolithe*, ou jaune verdissant, ayant trois quarts de jaune sur un de vert. La *Topaze péridot*, ou jaune verdâtre, a 5 huitièmes de jaune sur 3 de vert.

Le SAPHIR, ou *Gemme orientale bleue* (3), n'est pas non plus exempt de variations. On appelle *Saphir indigo*, celui dont le bleu est mêlé d'un

---

(1) *Gemma topazius.* L.
(2) *G. hyacinthus.* L.
(3) *G. sapphirus.* L.

huitième de rouge. Le *Saphir aigue-marine* a son bleu mêlé d'un tiers de *jaune*, & le *Saphir améthyste* une teinte rouge, à peu près égale à la bleue. On connoît sous le nom de *Saphir blanc*, une pierre dont la couleur est d'un bleu si tendre, qu'il ressemble presque au blanc limpide. L'on n'est pas sûr qu'il existe des pierres orientales qui aient naturellement cette couleur. Mais l'on sait, par des expériences, que le saphir, d'un bleu plus foncé, perd sa couleur & devient limpide par l'action du feu, & ressemble alors assez bien au diamant par l'*éclat*, mais lui reste toujours inférieur en *dureté*.

On voit par-là combien l'ancienne méthode étoit fautive de ranger les pierres fines d'après les couleurs ; mais comme elle est encore la seule connue des bijoutiers & de beaucoup d'amateurs, nous en tracerons aussi l'esquisse d'après *Hauy*, suivant l'ordre naturel des nuances.

La couleur *rouge* dénote le *Rubis*.

Le *rouge*, mêlé d'un peu d'*orangé*, la *Vermeille*.

Le *rouge*, plus chargé d'*orangé*, l'*Hyacinthe la belle*.

L'*orangé* parfait, l'*Hyacinthe*.

Le *jaune*, le *Topaze*.

Le *jaune verdâtre*, le *Chrysolithe*.

Le *vert-jaunâtre*, le *Péridot*.

Le *vert*, l'*Emeraude*.

Le *vert-bleuâtre*, l'*Aigue-marine* ou *Beril.*
Le *bleu*, le *Saphir.*
Le *bleu-pourpré*, le *Saphir indigo.*

Parmi les pierres fines, il nous reste le DIA-
MANT (1). Il avoit long - temps été regardé
comme de même nature avec les autres. Il ref-
semble en effet aux gemmes orientales , mais
c'est en les furpaffant en éclat , & furtout en
dureté. Il est de plus affez communément de
couleur limpide , & n'offre que rarement les
nuances jaunes , brunes , rouges , bleues & vertes ,
qui font fi fréquentes dans les autres pierres
fines.

Le diamant raie tous les autres minéraux , &
n'est rayé par aucun. Sa pefanteur est un peu
plus de trois fois & demie fon volume d'eau.
Il est électrique par le frottement. Sa réfraction
est fimple.

Linné, en fuivant l'analogie d'une cryftallifation primitive en octaèdre régulier , avoit d'abord
envifagé le diamant comme un fel alumineux (2)
pétrifié.

Gmelin l'a rangée encore parmi les productions
filiceufes, quoiqu'il n'ignorât pas les expériences
faites à Florence & à Vienne fur la volatilifation du diamant. Il avoit cru fans doute que

----

(1) *Adamas.* L.
(2) *Alumen lapideum.*

ce réfultat provenoit d'un mélange inconnü qui altéroit la nature de la filice.

Newton ayant remarqué que le diamant participoit de la nature des corps gras & huileux ; en réfractant la lumière à un plus fort degré que les corps tranfparens de nature terreufe ayant la même denfité, le rangea avec le *Succin* & autres corps réfineux defféchés.

Bergmann eft le premier qui l'a placé avec les *corps combuftibles*, & les expériences des chimiftes français ont mis en évidence que le diamant eft la fubftance naturelle qui approche le plus du carbone pur, au point que *Guyton* a fait, avec fuccès, l'expérience de le fubftituer au charbon pour convertir le fer en acier. La combuftion la mieux conftatée du diamant s'eft opérée par la réunion des rayons folaires au foyer d'une forte lentille & dirigée contre un diamant brut, placé au milieu d'une boule de verre remplie de gaz oxigène & fermée hermétiquement. On l'a vu paffer d'abord à un état d'incandefcence, femblable en quelque forte à celle des métaux, prendre enfuite la couleur noire & l'apparence du charbon, & fe diffoudre enfin dans une matière aériforme, qui, mêlée avec le gaz oxigène du récipient, a formé un gaz, précipitant l'eau de chaux, & donnant une couleur de pourpre à la teinture de tournefol : c'eft un véritable *Acide carbonique*, & le gaz produit par la volatilisation du diamant, étoit donc *du carbone*.

L'on ne peut disconvenir que ce ne soit là une sorte de combustion, mais qui cependant a été dépourvue de *flamme*, & il n'existe pas d'autre corps vraiment combustible qui ne se seroit enflammé à une aussi forte chaleur, surtout avec du gaz oxigène. L'on peut donc regarder le diamant plutôt comme *volatil* que comme *combustible*, & l'on n'a pas encore fait assez d'expériences avec les substances transparentes siliceuses & alumineuses, pour être sûr qu'elles ne seroient pas susceptibles d'une pareille volatilisation. Mais supposé que le diamant fût la seule gemme sujette à cette sorte de destruction, il n'en est pas moins vrai qu'il ne brûle que très imparfaitement, & qu'il participe en même-temps trop aux caractères des autres gemmes, pour ne pas être rangé comme un genre intermédiaire entre elles & les substances vraiment combustibles.

Les diamans viennent, pour la plupart, de Golconde, du Bengale & des îles des Indes orientales ; mais depuis quelque temps on les exploitent aussi au Brésil, dans la croûte d'une montagne appellée *Serro dofrio*, laquelle croûte est une concrétion de cailloux & d'argille ferrugineuse, d'où ils sont souvent détachés par les

torrens & entraînés dans les rivières. L'on a remarqué que le terrain, où on les trouve, est
presque partout de la même nature, & marqué
des couleurs ordinaires de l'ochre de fer.

Le grand prix & les usages du diamant sont
généralement connus. L'on sait qu'il se taille en
table, en *rose* & en *brillant*, & que chacune de
ces différentes tailles doublent sa valeur en diminuant son volume ; l'art de le tailler avec sa
propre poussière, a été découvert accidentellement par *Louis de Berquen* de Bruges, vers 1456,
en frottant deux diamans l'un contre l'autre pour
les polir. Un des caractères frappans du diamant
travaillé, c'est que, n'ayant lui-même aucune couleur, il les réfléchit toutes à un degré très-marqué
par ses facettes, qui décomposent la lumière
aussi bien que le feroit un prisme.

SUBSTANCES COMBUSTIBLES.

Le caractère chimique de *combustibilité* est commun à des minéraux qui diffèrent essentiellement
par leurs caractères physiques, surtout dans la
manière dont ils manifestent l'action de *l'électricité*.

Une partie de ces minéraux devient électrique
en eux mêmes par le simple *frottement* ; une autre
ne le devient que par *communication*.

Les premiers s'allument & brûlent à toute
température par le seul contact de la flamme.

Les seconds ne s'enflamment qu'à des températures très - élevées , nourries par d'autres combustibles.

Nous appellerons les premiers *Combustibles par eux mêmes*; & les autres, *Combustibles par communication*.

D'une part , ce sont les *Bitumes* & leurs composés , les *Ambres*, le *Soufre* ; de l'autre , sont les *Métaux* & l'*Eau*.

Le combustible minéral le plus commun , c'est la HOUILLE ou charbon de terre. On sait qu'elle est d'une couleur noire, luisante , quelquefois irisée , mais sans transparence. Sa pesanteur est d'une fois & trois dixièmes son volume d'eau , & sa dureté trop peu considérable pour résister au frottement nécessaire pour exciter une électricité remarquable ; ainsi cette qualité ne se manifeste que lorsque la substance est isolée par le verre. Sa consistance est quelquefois *feuilletée*, à lames cassantes perpendiculairement, & quelquefois *compacte*, à cassure ondulée. La houille brûle communément avec une odeur *bitumineuse* (1), en fondant de quelque manière , & en laissant un résidu *terreux*.

Si , en suivant ces indications , l'on fait subir à la houille une demi combustion dans des vaisseaux clos , il s'en écoule une substance huileuse, qui est du bitume ou pétréole, que l'on emploie

____

(1) *Bitumen lithantrax*. Lin.

comme goudron, & le charbon qui reste brûle ensuite sans odeur. L'on se sert en Angleterre de cette méthode pour purifier la houille, & en faire un chauffage moins incommode pour les apparremens, & qui peut même remplacer le charbon de bois dans les manufactures.

Par une opération contraire, l'on fait en Perse une *Houille artificielle*, en pétrissant de la terre glaise avec du pétréole.

La houille n'est donc qu'une espèce de terreau pénétré de cette huile minérale. Elle varie suivant la nature de sa base. Elle est *feuilletée* & légère dans les terrains argilleux, comme à *Charleroy*, à *Liege* & à *Châtelet*; compacte & lourde dans les carrières calcaires, comme près de *Mons*, *Valenciennes*, *Marseilles*, &c. Il y en a même d'un aspect résineux, comme près de *Lincoln*, en Angleterre. Cette variété est légère comme la résine, mais chauffant peu, & faisant beaucoup de cendres. C'est la houille feuilletée qui est réputée la meilleure, & c'est celle là que l'on rencontre le plus fréquemment couverte de couches de terrains de transport, provenant le plus souvent des débris des montagnes environnantes : la houille elle-même est quelquefois mêlée de matières végétales & animales, & son analyse chimique donne de l'azote, aussi bien que de l'hydrogène, de l'oxigène & du carbone. L'on obtient par la distillation de la houille une liqueur qui peut être employée à la fabrication de l'*Ammonia-que muriaté*. Il semble donc que l'origine de la houille remonte à une catastrophe qui aura englouti pêle mêle animaux & végétaux, sous la poussière des roches fracassées. Quelquefois même la formation de ces couches paroissent aussi anciennes que celles du globe.

Il y a des naturalistes qui regardent la houille comme du bois, pénétré de bitume; mais cette origine est infiniment plus manifeste dans le LIGNITE.

Cette substance est toujours marquée en quelque chose du tissu du bois. Elle brûle avec une odeur désagréable. Elle ne pèse que a dixièmes de plus que son volume d'eau; mais en dureté elle surpasse considérablement la houille, surtout dans la variété nommée *Jayet* (1), qui est d'une consistance compacte, & susceptible d'un poli brillant. Sa couleur noire-foncée la rend propre à des ornemens pour le deuil. Son électricité, par le frottement, est facile à remarquer. On le trouve dans des couches d'argille durcie, en Provence, en Saxe, & ailleurs.

Une variété moins dure se casse facilement en masses cubiques, & offre ainsi quelqu'apparence de crystallisation. Il est probable que ce n'est là que l'affaissement d'un lignite ordinaire dessé-

______

(1) *Bitumen gagas.* Lin.

ché. On la trouve par couches horizontales
dans des bancs de sables adossés contre des montagnes.

Le lignite exposé à une forte chaleur, dans des
vaisseaux exactement fermés, distille comme la
houille un *Bitume* pur ou véritable *Pétrole*.

Le Bitume est un corps gras, plus léger que
l'eau; il s'allume facilement & brûle avec flamme, en répandant une odeur forte, qui lui est
particulière.

Le *Bitume* pur est plus ou moins fluide. On
l'appelle *Naphte* (1), lorsqu'il est d'une couleur
blanchâtre, transparente, & d'une consistance si
légère, qu'elle surnage même à l'esprit de vin.
Elle est aussi très-volatile & s'enflamme, par l'atmosphère formé de ses exhalaisons, à une distance
considérable du feu. Elle est plus abondante en
Asie, dans la presqu'île de la mer Caspienne, mais
elle se rencontre aussi en Auvergne, quoique rarement de la même pureté.

Le *Bitume*, connu sous le nom de *Pétrole* (2), ou
huile de Gabian, est plus épais, sans transparence, & de couleur brune-jaunâtre. Il brûle
même sur l'eau, & on le regarde comme un des
principaux ingrédiens du *feu grégeois* des anciens.
On le trouve en abondance dans tout l'Orient,

------

(1) *Bitumen naphta.* Lin.
(2) *Bitum. petroleum.* L.

ſurtout en Perſe, où il ſurnage à l'eau des puits. Il ſe rencontre auſſi en France, à Gabian, près de Béziers, où il eſt employé comme huile de lampe.

Lorſque ce bitume eſt plus épais, noirâtre & collant aux doigts, il porte le nom de *Bitume glutineux*, & c'eſt le vrai *Bitume de Judée* (1), puiſqu'il ſe trouve le plus abondant en *Paleſtine*, ſurnageant aux eaux de la *mer Morte* & d'autres lacs. Il ſe rencontre cependant auſſi en d'autres parties de l'Aſie, & même en Europe, comme par exemple dans le voiſinage du fameux *Léoben*; près de *Clermont-Ferrand*, en France; à *Colebrockdale*, en Angleterre; dans les mines de *Danemora*, en Suède, &c.

Un bitume très-épaiſſi, & ne coulant que preſque inſenſiblement, porte le nom de *Poix minérale*. Dans l'Orient, il découle des fentes des rochers, & on le rencontre même en Europe, comme en France, près de *Clermont-Ferrand*; & en Angleterre, dans le *Derbyſhire*, où il ſe trouve dans les filons des mines de plomb ſpatheuſes, mais deſſéché & formant ce bitume élaſtique, connu ſous le nom de *Poix minérale foſſile* (2).

Le *Bitume des momies* (3), dont les Egyptiens

---

(1) *Bitumen Maltha.* L.
(2) *Bitum. elaſticum.* Gm.
(3) *Bitum. mumia.* L.

se servoient pour embaumer les morts, est noir
comme la poix minérale, mais sec & friable;
s'amolissant cependant à une chaleur douce. Il
est encore très-estimé dans l'Orient, de sorte
qu'une caverne du Caucase, où il abonde, se tient
soigneusement fermée & gardée par les Druses;
mêlé avec de la cire, il fait un excellent vulné-
raire.

L'*Asphalte* est un bitume noirâtre, solide, friable & léger, à cassure luisante, fondant facilement au feu, & faisant effervescence avec l'*acide
nitrique*. C'est par erreur qu'on l'appelle vulgairement *Bitume de Judée*, puisqu'il est aussi commun en Europe qu'en Asie, & au lieu d'habiter
la surface des eaux, il se rencontre le plus souvent dans la terre calcaire & dans le sable. Dans
l'île de la *Trinité* il couvre des plaines entières,
& fond en été par l'ardeur du soleil.

L'ANTRACITE est un combustible nouvellement
découvert; mais plus curieux qu'utile. Il brûle
difficilement & sans flamme; même sans odeur
bitumineuse, ce qui le distingue de la houille.
Sa consistance est lamelleuse, en écailles brillantes ou en masses solides à cassures rhomboïdales. Il se rencontre dans les houillières des
départemens de l'Ourthe, aussi bien que dans
ceux de l'Ardèche, du Mont-Blanc & ailleurs.
Il est ordinairement mis au rebut, comme une

houille trop maigre pour brûler. *Sa* pesanteur est une fois & demie celle de l'eau. Son analyse donne de l'argille & du fer avec beaucoup de carbone, ce qui le rapproche du *Fer carburé* ou plombagine.

Le Succin (1), ou l'*Ambre jaune*, nommé anciennement *Electron*, est devenu célèbre par un effet physique découvert le premier dans cette substance, celui d'acquérir par le frottement la faculté d'attirer des corps légers ; & qui ayant été reconnu depuis pour un des premiers ressorts de la nature, a été désigné par le nom d'*Electricité*.

Le succin est le plus souvent d'un jaune-foncé transparent ; mais il s'en rencontre aussi d'un jaune-blanchâtre, & quelquefois même orangé, avec plus ou moins de translucidité. Les autres couleurs, comme la rouge, pourprée, bleuâtre, citées par *Wallerius*, ne se rencontrent que très-rarement dans cette substance. Le succin n'affecte aucune forme régulière. On ne le voit qu'en petites masses compactes, à cassure conchoïde & luisante. Il est assez fragile, mais cependant susceptible d'être façonné & poli. Sa pesanteur ne surpasse pas d'un dixième celle de l'eau, & n'est que justement suffisante pour l'y faire en-

____

(1) *Succinum electricum*. Lin.

foncer. Il s'allume à la flamme , & brûle en se bour-
soufflant , mais sans couler & sans laisser de résidu.
Sa poussière , jetée sur des charbons , exhale une
odeur agréable , provenant d'un acide particulier
qu'il renferme , & qu'on appelle , en chimie ,
l'*Acide succinique*. Il donne aussi , par la distillation , une huile , qui ressemble au pétréole & au
naphte. Cette huile , dissoute dans de l'ammoniaque
liquide , est connue dans la pharmacie sous le
nom d'*Eau de Luce*.

On rencontre souvent des morceaux de succin
renfermant des insectes & autres corps étrangers ,
ce qui prouve , qu'en les enveloppant , le succin
a été en état de fluidité. Cette circonstance &
une ressemblance marquée avec le *Copal* de la
pharmacie , qui est le suc durci d'une espèce de
sumac (1) , donnent lieu à croire que le succin
est aussi une sorte de *Résine* , minéralisée , pour
ainsi dire , par un long séjour dans la terre.
On ne le trouve , en effet , qu'à une certaine
profondeur dans des terrains de transport , comme
argille , sable , gravier , & souvent dans la proxi-
mité de couches de bois fossile ; ce qui arrive surtout sur les côtes méridionales de la Bal-
tique , où il se fait une exploitation abondante
de succin pour le compte du roi de Prusse , &
où les lits souterrains de cette substance doivent

---

(1) *Rhus copalinum*. Lin.

s'étendre au loin sous les eaux, puisque les vagues de la mer en apportent souvent des morceaux vers le rivage, & dont les habitans font leur profit.

Dans ces mêmes contrées, on trouve des indices, à des profondeurs considérables, qu'il y a eu de vastes forêts de sapins enterrées. On rencontre aussi du succin en France & en d'autres parties de l'Europe.

Le succin sert dans les arts pour des vernis ; il entre surtout dans celui connu sous le nom de *Vernis anglais*, employé sur des instrumens de physique en cuivre pour conserver leur poli.

Le Succin gris, vulgairement *Ambre grise* (1), n'est probablement qu'une espèce de succin, un peu altéré. Elle est d'une consistance de cire, sans transparence, plus légère que l'eau, & très-électrique par le frottement. La couleur est noirâtre, tirant sur le gris, & quelquefois marbré. Elle est d'une odeur agréable, surtout en brûlant. Elle jette alors une flamme blanche avec une fumée cendrée, & se consume entièrement au feu. Elle fond aussi dans de l'eau bouillante.

On la trouve en fragmens, nageant sur les eaux des Indes orientales. Il est probable que toutes ces ambres sont des résines lavées long-temps

---

(1) *Ambra maritima*. Gm. *Electrum opacum*. Lin.

par les eaux. Si l'on mâche la réfine de fapin,
elle prend auffi une couleur grife, & colle aux
dents comme l'ambre.

Le Mellite (1) , ou *Pierre de miel*, ainfi
nommé d'après fa couleur, qui reffemble auffi
au fuccin, mais dont le mellite diffère en ce
qu'il ne répand aucune odeur fur un charbon
allumé, & qu'il blanchit d'abord au feu, fans
fe fondre, noircir enfuite & tombe en pouffière.
Sa pefanteur eft environ une fois & fix dixièmes celle de fon volume d'eau, fa dureté à
peu près la même que celle du fuccin, & la
caffure écailleufe. Electricité par le frottement
beaucoup moins forte que dans le fuccin ; & qui
demande d'être *ifolée*, pour devenir bien remarquable. Mais ce qui le diftingue particuliérement
de cette fubftance, c'eft la *cryftallifation*, qui ne
fe rencontre jamais dans le fuccin. La forme
primitive eft de deux pyramides régulières à
quatre facettes, & joints enfemble par leurs bafes
quarrées. La molécule intégrante eft le tétraèdre
irrégulier : il a auffi une belle tranfparence avec
un certain éclat vitreux. L'analyfe du mellite,
faite par *Klaproth*, a donné 46 centièmes d'un
acide végétal particulier, 38 d'eau & 16 d'alumine.

---

(1) *Mellites*. Gm.

Le mellite est un minéral très-rare, & ne s'est rencontré qu'en *Tharinge*, dans une couche de bois bitumineuse.

Le Soufre (1) est volatil au feu, brûlant avec une petite flamme bleue. Sa pesanteur est environ deux fois celle de son volume d'eau. Consistance crystallisable, fragile, insoluble par la voie humide : par sa combustion à l'air il donne l'acide sulphurique, connu sous le nom vulgaire d'*Huile de vitriol*, que l'on emploie, préférablement, à la préparation du gaz inflammable, & à beaucoup d'autres usages.

Le *Soufre natif* (2), qui se rencontre dans les mines de sel, dans les carrières de gyps, dans les conduits des eaux sulphureuses & dans les fentes des cratères des volcans, est le plus souvent crystallisé en aiguilles prismatiques déliées, mais aussi quelquefois en octaèdre plus marqué, à molécule d'un tétraèdre irrégulier. Il est d'une belle couleur jaune, tirant sur le vert. Le *Soufre fondu* est d'une couleur jaune sale, en masse ou en forme de bâton. Il pèse un peu moins à volume égal.

Le soufre est très-cassant, comme les résines, & électrique comme elles par le frottement.

____

(1) *Sulphur.* Lin.
(2) *Sulph. nativum.* L.

Chauffé, dans la main fermée, il fait entendre un petit bruit lorsqu'on l'approche de l'oreille.

Le *Soufre terreux* (1) n'est que du soufre natif, mêlé de terreau, ochre de fer, ou d'argille; il varie de couleur suivant la matière dont il est mélangé. Se trouve dans le voisinage des volcans. Le soufre fondu se mêle facilement avec les métaux. Les pyrites & les marcassites ne sont que du *Fer sulfuré*; les dernières avec crystallisation.

SUBSTANCES *minérales combustibles, & électriques* seulement par *communication*, ne brûlant d'une manière visible que dans le gaz oxigène, ou dans les températures très élevées.

Les élémens de la combustion des substances de cette classe sont l'*Incandescence*, la *Fusion* & la *Volatilisation*.

Une matière incandescente ou fondue augmente de volume, dans la même proportion qu'une plus grande quantité de chaleur s'est introduite entre les molécules & en étend les intervalles, jusqu'à une solution parfaite de cohérence ou volatilisation en vapeurs. Les différens degrés de chaleur que demande la fusion & la volatilisation de chaque métal, n'est donc que la mesure de la cohérence de ses molécules.

(1) *Sulph. terreum.* Gm.

Dans un cours précédent, nous avons rangé les corps combustibles & électriques par communication, d'après leur *Fusibilité*. Ils se suivent alors dans l'ordre ci-après :

Le *Mercure*, qui reste toujours en état de fusion dans toutes les variations de l'atmosphère, au-dessus d'une certaine température qui n'a lieu que dans les climats les plus rigoureux du globe, & que l'on ne peut obtenir ici que par le secours de l'art ; température, qui devroit être indiquée par *zéro* dans nos thermomètres, puisqu'il marque le degré le plus bas de fluidité dans les substances minérales. L'*Eau*, qui ne fond qu'à une chaleur plus considérable d'environ trente degrés du thermomètre de Réaumur, ou 37 degrés du thermomètre centigrade.

Suivent l'*Arsénic*, le *Tellure*, le *Bismuth* & l'*Etain*, dont le dernier fond à 400 degrés centigrades au-dessus de la fusion du mercure ; puis le *Plomb*, le *Zinc* & l'*Antimoine*, dont la fusion demande 700 degrés de chaleur ; viennent ensuite l'*Argent*, l'*Or* & le *Cuivre*, qui en exigent 1,000, & au-delà ; enfin le *Fer*, le *Nickel*, le *Tungstène*, le *Cobalt*, le *Manganèse*, le *Platine*, le *Molybdène*, l'*Urane*, le *Titane* & le *Cérite*, qui demandent tous une chaleur plus que double de la même échelle, avant que d'entrer en fusion, & dont le degré ne peut être déterminé que par le moyen du pyromètre de *Wedgewood*. Cet
instrument,

inſtrument , conſiſtant en boules d'argille que l'on paſſe dans une rainure diminuant de largeur & à bord gradué après les avoir expoſés à la chaleur dont on veut déterminer le degré , ne marque preſque point de changement qu'à la chaleur blanche , ou près de 1000 degrés centigrades , qui eſt celui de la fonte du verre : l'argille ne ſouffre que peu de rétréciſſement à une moindre élévation de température. L'on place cependant le zéro du pyromètre à 600 degrés centigrades, & chacun de ſes degrés en valent 7½ de ce baromètre.

Fourcroy, dans ſon *Syſtême des connoiſſances chimiques*, établit un autre arrangement de ces mêmes ſubſtances , fondé ſur la double conſidération de leur *ductilité* ſous le marteau , & de leur *affinité avec l'oxigène.*

Suivant cette méthode , elles ſe rangent ſous quatre diviſions , ſavoir :

Métaux caſſans & acidifiables : l'Arſenic , le Tungſtène , le Molybdène & le Chrome.

Métaux caſſans & oxidables : le Titane , l'Urane , le Cobalt , le Nicole , le Manganèſe , le Biſmuth , l'Antimoine & le Tellure.

Métaux demi-ductiles & oxidables : le Mercure , le Zinc.

Métaux ductiles & facilement oxidables , l'Etain , le Plomb , le Fer & le Cuivre.

K

Substances ductiles & très-difficilement oxidables, l'Argent, le Platine & l'Or.

En prenant pour base cette méthode, & en mettant à profit les recherches du savant *Hauy* sur les crystallisations, nous serons à peu près au niveau de l'état actuel de la science.

Les substances dont il s'agit ici sont plus généralement connues sous le nom de *Métaux*. Elles sont dures, opaques dans leur état naturel, & susceptibles de poli, avec un éclat qui leur est particulier.

Après avoir examiné chaque métal dans son état de pureté soit *natif*, soit en *régule* ou tiré du minéral par l'action du feu, nous le suivrons dans ses mélanges avec d'autres métaux, & dans ses différentes *minéralisations*, tant par le *Soufre* & le *Carbone*, que par l'*Oxigène*, soit pur, comme dans les *Oxides*, soit en état d'acide, comme dans les *Sels métalliques*.

Comme il est assez indifférent par quelle division l'on commence, & que nous avons jusqu'ici suivi, autant que possible, une méthode qui remonte du connu à l'inconnu, nous examinerons, en premier lieu, les métaux qui nous sont les plus familiers, pour que la comparaison nous serve de guide dans l'étude des autres.

Métaux très-ductiles & difficilement oxidables.

Le métal le plus ductile que nous connoissions,

c'eſt l'Or. Il peut être battu ſi mince , qu'un
ſeul ducat d'Hollande peut fournir au-delà de
quarante feuillets auſſi grands que le format ordinaire de papier de poſte *in-4to*. Il eſt inaltérable
à l'air, à l'eau & même au feu ; l'éclat de ſa
belle couleur jaune ne peut non plus être terni par
le temps. Il n'eſt pas étonnant qu'il a , de tout
temps, été regardé comme le plus précieux des
métaux. Sa rareté ajoute encore à ſon prix. Quoique diſſéminé dans toute la nature , même dans
les végétaux , puiſqu'on en retire de leurs cendres (1), il ne ſe trouve preſque jamais qu'en
petite quantité enſemble. Il ne ſe rencontre que
natif (2) , jamais minéraliſé , mais le plus
ſouvent en état de mêlange avec d'autres métaux, & même avec différentes ſubſtances ter-
reuſes (3). Sa forme naturelle la plus commune eſt en grains (4) , en paillettes ou en petits
filamens , mêlés aux ſables & aux terres entraînés
par les torrens , & dépoſés ſur le fond des rivières
de l'Afrique & des Indes. Les ſables de l'Europe,
ſurtout les rouges , contiennent auſſi des par-

---

(1) Voyez les *Élémens de Chimie de Chaptal*,
Tom. 3.

(2) *Aurum nativum.* Lin.

(3) *Aur. lavatum.* Gm.

(4) *Aur. arenarium.* Lin.

K 3

celles d'or, quoiqu'en trop petite quantité pour qu'il vaille la peine de les rassembler.

Dans les montagnes du Pérou & du Mexique on trouve l'or en lames, en ramifications composées d'octaèdres, quelquefois réguliers, quelquefois avec des prismes allongés en forme de coin, quelquefois implantés les uns dans les autres, comme les articulations d'un prêle ; & en masses informes nommées *Pépites*, qui sont quelquefois d'une grosseur considérable. En Hongrie & autre part en Europe on trouve de l'or dans une *pierre de corne feuilletée bleuâtre*, semblable à celle qui forme des couches étendues dans les environs de *Tubise*, dans la *Belgique*. La *Silice laiteuse* ou *Quartz blanc*, forme aussi une matrice ordinaire pour des parcelles d'or, qui vaillent quelquefois la peine de l'exploitation. Il s'en rencontre une pareille près du même *Tubise*, sur une étendue de près de quatre lieues, vers *Enghien*. Ce minéral, parsemé de paillettes luisantes d'une nature ferrugineuse & colorée en jaune par le soufre, a été connu depuis long-temps sous le nom de *Pyrite aurifère de Tubise* ; mais comme jusqu'ici on n'a eu que des échantillons ramassés à la surface, & qui, malgré les apparences extérieures, ont rarement fourni quelques preuves de la présence de l'or, il est difficile de prononcer jusqu'à quel point cette mine mérite d'être exploité.

Il est sûr que l'on trouve le plus souvent l'or mêlé à d'autres métaux dans leur *union avec le soufre*, pour lequel il semble avoir quelque prédilection.

C'est ainsi que l'on trouve l'or dans les *Pyrites* (1) *ferrugineuses & cuivreuses*, consistant en fer ou en cuivre minéralisés par le soufre. Il existe même des *Pyrites aurifères*, formés de soufre & d'or pur, & qui se montrent quelquefois dans la *Mine rouge d'argent*, dans la *Galène de plomb*, dans *Blende de zinc*, & dans le *Molybdène* (2) de quelques mines de la Hongrie, dont le minérai est alors de *couleur de plomb*. L'or s'unit aussi quelquefois à l'*Arsenic* (3), dans une mine d'or *blanchâtre*, avec mélange de soufre & d'argent arséniqueux, que l'on trouve en Transylvanie; & à l'*Antimoine* (4), qui lui donne une couleur *tirant sur l'acier*, dont on voit l'exemple dans une mine du même pays. La mine d'or tirant sur le *vert*, que l'on trouve aussi en Transylvanie, est mêlée de *Manganèse* (5) & de cuivre; & la mine d'or rousse (6), du même pays, doit cette couleur à un *ochre de fer*.

---

(1) *Aurum pyriticosum*. Lin.
(2) *Aur. molybdænæ*. Gm.
(3) *Aur. albidum & cinereum*. G.
(4) *Aur. stibiatum*. G.
(5) *Aur. virescens*. G.
(6) *Aur. rufescens*. G.

K 2

L'or pur est d'une pesanteur qui équivaut à 19 fois & un septième son volume d'eau.

Il n'est attaqué visiblement par aucun acide, excepté l'*Acide nitro-muriatique*, nommé ordinairement *Eau régale*, qui le dissout entièrement ; si l'on mêle de l'étain à cette dissolution, l'or en est précipité sous la forme d'une poudre couleur de pourpre, qui sert à peindre la porcelaine.

L'or n'est point autrement oxidable par les procédés qui sont en notre pouvoir ; mais il semble cependant que la nature ait quelque moyen de l'oxider, puisque l'on voit sur les médailles, qui ont resté enfouies dans la terre depuis les beaux siècles de Grèce & de Rome, une certaine *teinte*, si précieuse aux antiquaires, & qui ne peut être qu'un commencement d'oxidation. Lorsque l'on considère que deux mille ans ne sont qu'un très-petit espace de temps à l'égard des grandes opérations de la nature, l'on peut présumer une possibilité, que cette *teinte* peut devenir une *rouille* véritable dans une plus longue suite de siècles.

L'*Or en régule* est ce même métal épuré de de l'alliage, dont l'or natif est toujours mêlé. Cet épurement se fait par le moyen du mercure, qui s'amalgame avec l'or, le sépare des corps étrangers & s'évapore ensuite à l'aide du feu.

L'or pur est dit être de 24 carats. Dans cet état, il est presque mou comme le plomb & peu

propre aux ouvrages d'orfévrerie & de bijouterie.
On y ajoute un huitiéme de cuivre pour lui
donner plus de confiſtance. On le dit alors de
21 carats. Mais cet alliage, nommé le *titre de
l'or*, varie en différens pays. Ce mélange de
cuivre rehauſſe la couleur de l'or, & lorſqu'il eſt
en plus grande proportion, il lui donne une
teinte rouge, comme l'alliage d'argent lui fait prendre une couleur verdâtre, & que celui de fer le
teint en bleu. Ce ſont les moyens dont les bijoutiers ſe ſervent pour les ouvrages en *pluſieurs ors.*

Le PLATINE, ou l'*Or blanc* de *Wallerius*, eſt
d'une couleur d'argent, ſuſceptible d'un poli
brillant qu'il conſerve mieux que tous les autres
métaux. Sa dureté approche de celle du *Fer*,
& ſa ductilité ne le cède qu'à celle de l'*Or*.
Il eſt le plus difficile des métaux à fondre au
feu, & ſoluble, comme l'or, dans le ſeul acide
nitro-muriatique ou l'eau régale, d'où il ſe précipite par le ſel ammoniaque en une poudre de
couleur orange. Sa peſanteur, dans l'état de
pureté, approche de 21 fois ſon volume d'eau ;
mais tel qu'il vient brut de l'Amérique, ou dans
ſon état *natif*, il ne va pas même à 16. Il eſt
alors en grains (1), tantôt arrondis, tantôt anguleux, le plus ſouvent applatis, mêlés de parcelles

---

(1) *Platina granulata.* Gm.

K 4

d'or, de mercure, & surtout de fer, qui semble faire partie du platine natif pur, puisque celui-ci exerce toujours quelque action sur l'aiguille aimantée. Dans cet état, la couleur du platine est d'un blanc jaunâtre; ce qui avoit fait penser à *Buffon* que cette substance fût un mélange d'or & de fer : un alliage semblable auroit pu s'opérer par la fusion des deux métaux dans le sein des volcans de l'Amérique, près desquels on trouve souvent des grains de platine, & d'où les torrens auront pu les transporter ailleurs.

Quoi qu'il en soit, comme on n'a pas réussi à séparer l'or & le fer dans cette substance, on le considère comme un métal distinct. Sa dureté, son inaltérabilité & son peu de dilatation par la chaleur le rendent précieux pour les arts. Il est surtout propre à des miroirs pour les grandes lunettes d'approche employées par les astronomes, & à des mesures linéaires pour les opérations délicates, telles que l'évaluation de l'arc du méridien, exécutée nouvellement en France. La difficulté du travail aussi bien que la rareté du métal rendent ces ouvrages très-chers. L'on ne peut fondre le platine qu'au foyer d'un miroir ardent, ou par un feu nourri d'un courant d'air vital ou gaz oxigène pur. Son poli demande aussi un long travail.

Pour nettoyer ce métal, afin de l'avoir aussi pur que possible avant que de le fondre, l'on

emploie d'abord le lavage, puis le barreau aimanté pour enlever les parcelles de *fer* ; ensuite la chaleur pour volatiliser le *mercure*, &
un feu plus fort capable à fondre les paillettes
d'*Or* qui s'y trouvent.

Le platine a été découvert en 1736, par un
voyageur espagnol, nommé *Ulloa*.

L'ARGENT, d'un blanc éclatant, sonore & sans
odeur, comme les précédens, se crystallise en pyramides quadrangulaires ou en octaëdres, rarement bien déterminés. Il pèse dix fois & demie
son volume d'eau. Sa ductilité n'est inférieure
qu'à celle de l'or, & dans sa fusion il ne perd
rien de son poids, à moins qu'on ne pousse la
chaleur au point de le *volatiliser*. Pour éviter cet
inconvénient, il faut savoir que le moment de sa
parfaite fusion est marqué par un brillant presque
étincellant, que les essayeurs nomment l'*éclair*.
Si l'on augmente alors la chaleur, la masse fondue
bouillonne comme de l'eau, & se réduit de
même en vapeurs, qui se condensent quelquefois
en gouttes ou rognons dans les cheminées des
orfèvres. Avant que de fondre, l'argent prend
une teinte noire olivâtre, qui est un vrai
oxide, & dont il se charge aussi soit dans la terre,
soit à l'air, lorsqu'il a été exposé pendant une
longue suite d'années. Mais cette légère altération de sa surface ne pénètre pas plus avant, &

ne fait aucun tort aux ouvrages les plus parfaits.
Au contraire, cette couleur olivâtre sur les anciennes médailles, est très-recherchée des antiquaires.

L'argent pur se dissout dans l'acide nitrique sans le colorer, & se précipite en un sel blanc, insoluble par l'acide muriatique, & donnant au verre une couleur olivâtre.

Lorsque l'argent est fin, on le dit, en terme de l'art, de *douze deniers*. On le travaille rarement à un degré de pureté au-delà de *onze deniers*; il s'y trouve alors un douzième d'alliage de cuivre.

L'épreuve du titre de l'argent se fait en le mettant avec de la limaille de plomb dans un petit creuset d'os calcinés & pilés, pétris avec de l'eau, & que l'on met sur le feu dans un creuset plus grand de plombagine ou de grès. Au moment de la fusion, les substances étrangères sont entraînées avec le plomb dans les pores de la matière osseuse, & l'argent pur reste seul en forme d'un bouton, qu'il faut aussi retirer du feu au moment de l'*éclair*, crainte qu'il ne se volatilise. Le poids de ce bouton, comparé avec la quantité soumise à la fusion, indique l'alliage.

L'*Argent natif* (1) se crystallise en octaèdres implantés, en forme de dendrites, ou bien en réseaux de filets anguleux & striés, quelquefois

---

(1) *Argentum nativum.* Lin.

auffi en maffes informes, ou en lames dans les
fiffures des pierres.

On fait qu'il eft le plus abondant au Mexique,
en Norwége & en Saxe. Mais on en trouve auffi
en Suède, près de Sahlberg; en France, à Sainte-
Marie-aux-Mines & à Allemont; dans la Belgique
à Henin, près de Jodoigne; dans le Trévirois à
Schmittberg; dans le pays de Deux - Ponts à
Stahlberg, &c.

L'*Argent en régule* affecte la même cryftallifation en octaèdres implantés auffi bien qu'en pyramide quadrangulaire; mais le plus fouvent on
ne le voit qu'en maffe irrégulière.

L'argent fe trouve quelquefois en alliage accidentel avec d'autres métaux, tels que le *Cuivre* (1),
l'*Arfenic* (2), le *Molybdine* , (3) &c. ; mais
comme il n'y entre que pour très-peu de chofe,
on peut à peine confidérer ces mélanges comme
des mines d'argent. Il n'y a guères qu'avec l'*Or* (4)
& avec l'*Antimoine* , qu'il s'allie en proportions plus égales. L'*Argent antimonial* (5) eft d'un
éclat qui ne le cède guères à l'argent natif; &
quoique fa furface foit fouvent altérée par une
teinte jaune, rouge, ou même noirâtre, la caf-

---

(1) *Argentum album.* Lin.
(2) *Arg. arfenicatum.* Wern.
(3) *Arg. molybdænatum.* Ferber.
(4) *Arg. electrum.* Gm.
(5) *Arg. ftibiatum.* G.

fure fait reparoître fon brillant naturel. Mais il
eſt d'un dixième moins peſant que l'argent pur ;
ſa cryſtalliſation eſt en priſmes cannelés, approchant de l'hexaèdre, & ſon analyſe donne environ quatre parties d'argent ſur une d'antimoine.

L'*Argent ſulfuré* (1), nommé autrefois *Mine
d'argent vitreuſe*, ſe trouve cryſtalliſée en octaèdre ou bien en cube, dont quelquefois les angles
ſont coupés. Sa ſurface eſt d'un éclat métallique
ſombre, colorée en gris, en noir, en jaune, en
brun ou en vert. Cette mine eſt d'une conſiſtance
aſſez molle pour être coupée au couteau, & elle
fond très-facilement ; ſouvent même, à une moindre chaleur, le ſoufre s'évapore ſans fuſion, &
l'argent reſte en forme de réſeau, ce qui prouve
que cette mine conſiſte en argent natif mêlé de
ſoufre ; auſſi eſt-elle très-riche, & ſon exploitation donne quelquefois au-delà de 80 pour
cent.

Il ne faut pas confondre cette mine d'argent
ſulfuré avec l'*argent muriatiſé*, vulgairement *Mine
d'argent cornée* (2), qui ſe coupe auſſi au couteau, fond à la flamme d'une bougie, a de
même une couleur griſe, nuancée en brun, en jaune
ou en roſe, & montre quelquefois une contexture de filets d'argent natif ; mais il n'a point d'ail-

---

(1) *Argentum vitreum.* Lin.
(2) *Arg. corneum.* L.

leurs d'éclat métallique. Il se broie facilement en une poudre blanche, qui noircit peu à peu à l'air, & très-promptement à l'approche de la flamme. Il présente d'ailleurs, suivant le témoignage de *Fourcroy*, toutes les propriétés du muriate d'argent artificiel.

L'*Argent antimonial oxidé sulfuré*, nommé communément *Argent rouge* (1) de sa couleur ordinaire de rouge foncé, est quelquefois translucide & quelquefois brillant d'un éclat d'acier à sa surface. Sa crystallisation, très-variée, se rapporte toujours au dodécaèdre rhomboïdal. Cette mine avoit long-temps été regardée comme un *Argent arsenic*; mais l'analyse, que *Vauquelin* en a faite, prouve qu'elle est une combinaison du soufre avec un mélange d'argent & d'antimoine, & que celui de l'antimoine, en état d'oxide, lui donne la couleur rouge approchant du *kermes*. S'il y entre quelquefois accidentellement un peu d'arsenic, c'est toujours en très-petite quantité comparativement aux deux autres métaux, au soufre & à l'oxigène.

Le Cuivre est malléable, ductile, élastique & sonore. Sa crystallisation primitive est en cube & en octaèdres, quelquefois implantés; mais le plus souvent on le voit en masse informe. Sa

----

(1) *Argentum rubrum.*

couleur est un rouge particulier mêlé de jaune &
de bleu. Ce métal communique une odeur très-
désagréable lorsqu'on le frotte. Sa pesanteur est
9 fois son volume d'eau. Il s'oxide par le contact
de l'air & des corps gras, aussi bien que par les
acides & par le feu. Sa fusion avec le borax prend
une couleur verdâtre.

Le mélange artificiel du cuivre & de l'étain
est connu sous le nom de *Bronze*. Celui avec
la pierre calaminaire ou mine de zinc fait le
Laiton ou cuivre jaune; celui avec le zinc pur
est l'*Or de Manheim*, *Similor*, &c.

Le *Cuivre natif* (1) ou qui se trouve nud dans
les mines, & avec couleur métallique, se montre en filons, en lames incrustées dans les matières pierreuses qui l'enveloppent, quelquefois
en crystaux (2), imitant de petits arbrisseaux &
des mousses. On en rencontre aussi en petits
grains adhérens les uns aux autres, & formant
une lame très-mince, connue sous le nom de
Cuivre de cémentation (3). Ces grains tiennent
ensemble par une dissolution de cuivre dans
l'acide sulfurique, provenant de la décomposition
des pyrites ferrugineux.

---

(1) *Cuprum nativum*. L.
(2) *Cupr. crystallisatum*. L.
(3) *Cupr. praecipitatum*. L. *Lateritium*. Id.

L'alliage naturel du cuivre avec d'autres mé‑
taux ne se rencontre pas souvent.

L'on en peut cependant citer le *Laiton natif* (1)
que l'on a trouvé près de Laxa à Chili ; le
Bronze natif (2) qui s'est rencontré dans une mine
de Cornouailles ; le *Cuivre ferrugineux* (3) ou
ochracé, de couleur olivâtre, en Saxe & ail‑
leurs ; le *Cuivre arsénical* (4) de la Silésie ; le *Cuivre
plombé* (5) d'Andréasberg au Harz ; le *Cuivre ar‑
gentifère* de Sibérie (6) ; celui de la Dalécar‑
lie (7). Il entre dans des mines d'argent & d'or,
mais ordinairement en si petites proportions, que
de pareilles mines doivent être rangées sous le
titre de ces métaux précieux plutôt que sous celui
du cuivre.

Son union immédiate avec les autres matiè‑
res combustibles n'existe aussi dans la nature que
dans les *Sulfures de cuivre*, dont les variétés ap‑
parentes sont multipliées à l'infini. Mais dans une
méthode de minéralogie, fondée sur l'analyse chi‑

---

(1) *Cuprum aurichalceum.* Gm.

(2) *Cupr. campanarum.* Id.

(3) *Cupr. ferriginosum.* Id.

(4) *Cupr. fuliginosum.* Id.

(5) *Cupr. plumbeum.* Id. *Cupr. Hercinicum.* Id.

(6) *Cupr. altaicum.* Id. *Cupr. Psittacinum.* Id.

(7) *Cupr. Dalicum.* Wall.

mique, on n'en peut admettre que trois bien distinctes.

Le *Cuivre sulfuré pyriteux* (1) se cryftallife en octaëdre régulier, & en tétraëdre plus ou moins parfait. Sa couleur eft d'un jaune éclatant, quelquefois irifé. On n'a pu déterminer encore à quel point il entre du fer dans fa compofition. Cette mine eft très-répandue & d'une teinte très-variée.

Il s'en trouve une variété jaune-pâle dans du fpath calcaire dans la Belgique, près d'Audenarde; une autre avec de la filice laiteufe, & dans une ardoife à fleur de terre, près de Tubife; une femblable près de Wildberg, pays de Berg, & un beau pyrite irifé (2) à Portz du même pays. C'eft le *Cuivre pyriteux hépatique* de *Hauy*.

Le *Cuivre sulfuré gris* (3), vulgairement Fahlerz, eft d'une cryftallifation variée, mais toujours tendant au tétraëdre. Sa confiftance eft friable & fa caffure vitreufe. La teinte très-variable, depuis le blanc jufqu'au noir. Cette mine contient toujours un peu d'argent, & quelquefois même des oxides & des fulfures d'autres métaux, parmi

______

(1) *Cuprum fulvum.* Lin.
(2) *Cupr. purpureum.* L.
(3) *Cupr. cinereum,* L. Fahlerz, *Cupr. albidum.* L. Weillerz.

lesquels l'*Antimoine* (1) est le plus souvent prédominant.

L'on peut ranger avec le cuivre sulfuré pyriteux des parcelles de cette mine dans un schiste bitumineux noir (2), que l'on trouve en Suède, & même dans la Belgique, du côté de Namur.

Le *Cuivre sulfuré vitreux* (3) se crystallise en octaèdre; sa couleur porte une teinte gris-de-fer, & sa cassure est vitreuse avec quelqu'éclat métallique. Cette mine peut être coupée au couteau, & fond à la flamme d'une bougie. Elle se trouve en abondance dans les Pyrénées françaises, dans la vallée de Bostan, près de Baigory.

Les *Oxides* naturels de cuivre sont rarement purs. *Fourcroy* & *Hauy* n'en admettent que deux.

Le *Cuivre oxidé* (4) est d'une belle couleur rouge plus ou moins foncée, se crystallise en petits octaèdres brillans qui se divisent parallèlement à leurs faces, quelquefois aussi en filamens capillaires. Il s'en trouve une mine très-abondante à Tillot dans les Vosges.

Le *Cuivre sur-oxidé* (5), ou *Vert-de-gris natif*,

____

(1) *Cuprum hepaticum.* Gm.
(2) *Cupr. phlogisticum.* L.
(3) *Cupr. vitratum.* L.
(4) *Cupr. rubrum.* Id.
(5) *Cupr. viride.* Id.

de confiſtance pulvérulente, d'une couleur verte
bleuâtre différemment nuancée. Elle tapiſſe les
cavités intérieures des mines acceſſibles à l'humidité.

Le *Cuivre carbonaté* eſt bleu ou vert. Le bleu
a deux variétés, dont une connue ſous le nom
d'*Azur de cuivre* (1), ſe compoſe de petits cryſtaux éclatans d'une couleur foncée, & l'autre
nommée *Bleu de montagne*, eſt d'un aſpect terreux ſans cryſtalliſation apparente & d'un bleu
plus pâle. Cette mine ne ſe forme pas en maſſe
& en vernis, mais ſeulement à la ſurface des
cavités où l'air peut pénétrer. On peut y rapporter encore la *Pierre d'Arménie* (2), qui eſt
une chaux carbonatée colorée par la même matière, & les *Turquaiſes* ou os foſſiles colorés par
le cuivre. L'une & l'autre perdent leur couleur
par l'action du feu.

Le cuivre carbonaté vert, plus fortement
oxigéné que le bleu, offre trois variétés. Le
Cuivre ſoyeux (3) cryſtalliſé en aiguilles brillantes
& ſerrées; le *Vert de montagne* (4), terreux ou
ſans éclat; le *Malachite* (5) en forme de ſtalac-
tite, ou mamelons durs à ſurface unie, mais

____

(1) *Cuprum cœruleum.* Lin.
(2) *Cupr. Armenus.* Id.
(3) *Cupr. ærugo.* Id.
(4) *Cupr. æris.* Id.
(5) *Cupr. malachites.* Id.

fans éclat. Cette dernière variété fe rencontre le plus fréquemment en Sibérie.

Toutes les trois, dit *Fourcroy*, ne diffèrent que par les circonſtances de leur formation. Les cuivres carbonatés ſont le plus ſouvent riches en métal.

Les *combinaiſons* du cuivre avec les *acides* ſont :

Le *Cuivre ſulfaté* (1), vulgairement *Couperoſe bleue*, eſt d'une conſiſtance tranſparente de couleur bleue claire, dont la ſurface eſt ſouvent recouverte d'une poudre griſe bleuâtre. Sa cryſtalliſation eſt en parallélipipèdes obliqu'angles. Il eſt diſſoluble dans l'eau & lui donne un goût âpre & aſtringent. On trouve à Hérengrund en Hongrie des ſources de cette eau cuivreuſe ſulfurique, qui ont la propriété de donner au fer qu'on y plonge une apparence parfaite de cuivre.

Le *Cuivre arſéniaté* (2) eſt d'une couleur d'olive plus ou moins foncée, & de conſiſtance très tendre. Il exhale, par l'action du feu, une odeur d'ail, & ſe diſſout dans l'acide nitrique ſans efferveſcence, ni changement de couleur ; mais ſa diſſolution par l'ammoniaque change en bleu. Cette mine n'eſt compoſée que de cuivre, d'acide arſénique & d'eau.

---

(1) *Cuprum cuprigo.*

(2) *Cupr. arſenicale.* Gm. *Cupr. teſſulatum. Id.*

Le *Cuivre muriaté*, ou minéralisé par l'acide marin, a été trouvé en grains de couleur verte d'émeraude. Exposé à la flamme d'une bougie, il lui communique moitié la même couleur & moitié bleue. Ce qui le distingue principalement du cuivre carbonaté vert, c'est qu'il ne fait point d'effervescence avec l'acide nitrique. Cette mine, connue d'abord sous le nom de *Sable vert du Pérou*, avoit été apportée de l'Amérique par *Dombey*.

Les mines de cuivre les plus abondantes s'exploitent en Suède & en Espagne.

Il en existe cependant une assez riche en France, à Saint Bel, près de Lyon.

Les usages du cuivre sont très-multipliés, & le furent encore davantage anciennement, lorsqu'il servit même en place du fer pour les armes.

Nous y ajouterons que le vitriol bleu des boutiques est une imitation artificielle du cuivre sulfaté, aussi bien que le vert de gris imite le cuivre sur-oxidé.

On sait que cette mine aussi bien que son imitation artificielle, sont un poison terrible pour tous les animaux, ce qui prouve que le métal lui-même n'est pas moins nuisible à l'économie animale, & que l'on devroit en éviter l'usage pour les ustensiles de cuisine. Le goût

seul du cuivre provoque des vomissemens vio-
lens.

Le Fer, malgré sa grande dureté, est facilement malléable & très-ductile. Il est de plus
très élastique, & sonore au contact d'autres corps
durs. Il produit une forte saveur ; s'oxide facilement à l'air ; brûle avec étincelles & flamme dans
les fournaises, & même au feu d'une lampe dans
le gaz oxigène pur ; mais il ne fond en masse
qu'à des températures très - élevées. Son oxide
teint le verre en rouge, en jaune & quelquefois
en noir. La consistance est fibreuse ou lamelleuse,
& sa crystallisation cubique ou rhomboïdale, avec
les angles le plus souvent arrondis. Sa pesanteur
est sept fois & demie son volume d'eau, & sa
couleur grise-foncée bleuâtre.

Un caractère particulier au fer, c'est sa forte
attraction pour l'aiguille aimantée.

On montre, dans les cabinets, du *Fer natif* (1),
provenant des mines de Sibérie, de Sénégal, &
même de quelques parties de l'Europe ; mais ces
échantillons portent le plus souvent des marques
d'une fusion antérieure, & les minéralogistes dou-
tent encore si ce ne sont pas des productions volcaniques.

Le *Fer en régule* offre trois variétés : le *Fer*

---

(1) *Ferrum nativum.* Lin.

œuil, de consistance lamelleuse-grenue ; qui ne devient malléable qu'après avoir été soumise encore une fois à une chaleur de fusion, & travaillé à chaud.

Le *Fer forgé* est d'un tissu fibreux ou écailleux, très-ductile sous le marteau ; mais qui ne peut plus être fondu.

L'*Acier*, ou le *Fer carbonné*, est plus dur que les deux autres, & très-cassant, surtout après avoir été trempé, ou plongé rouge dans l'eau.

Le fer, en état métallique, s'allie difficilement avec d'autres métaux. On ne connoît guéres que son mélange avec l'*Arsenic*, dans le *Misspickel* (1), des Allemands ; que l'on doit nommer *Fer arsenical*, parce que le fer y prédomine sur l'arsenic. C'est une mine d'un tissu lamelleux & cassant, en cryslaux de formes prismatiques à bases rhomboïdales, d'une couleur grise-claire & brillante.

Les combinaisons du fer avec les autres combustibles sont les carbures & les sulfures.

Le *Fer carburé* (2), connu sous les noms vulgaires de crayon & de plombagine, est d'une consistance tuberculeuse ou grenue, tachante, de couleur grise-foncée, avec quelque éclat métallique, quoiqu'il n'entre dans sa composition qu'un dixième de fer sur neuf de charbon. Il brûle à

---

(1) *Arsenicum albicans.* Lin.
(2) *Plumbago graphites.* L.

une température très-élevée, en donnant beaucoup d'acide carbonique & un oxide de fer rougeâtre. Il est susceptible d'une cryslallisation octaëdre. On connoît son usage pour le dessin,
& pour recouvrir les platines & instrumens de
fer, d'un enduit qui les garantit de la rouille.
On en fabrique aussi les meilleurs creusets pour
fondre d'autres métaux.

Cette mine se rencontre dans le pays de Trèves,
dans les Pyrénées & ailleurs en France, toute aussi
bonne qu'en Angleterre. Les meilleurs crayons
sont faits de la plombagine naturelle ; mais on
en fabrique aussi de sa poussière, pétrie avec de
la colle, ou fondue ensemble avec du soufre.

On le trouve en petites couches, souvent
interrompues, dans les montagnes primitives.

Le *Fer sulfuré*, ou *Pyrite ferrugineux* (1), est
le plus souvent informe. On lui donne le nom
de *Marcasite* (2), lorsqu'il est crystallisé. Sa forme
se rapporte presque toujours au cube & à l'octaëdre. Sa couleur est d'abord d'un jaune de
laiton, plus ou moins brillant, & sa consistance
est assez dure pour donner des étincelles au briquet.

Le nom de *Pyrite*, ou *Mine inflammable*, lui
vient de ce qu'à l'air il se fendille, s'échauffe &

––––––––––––––––––

(1) *Sulphur pyrites.* Lin.
(2) *Sulph. marcasita.* L.

prend quelquefois feu au contact des acides; ce qui occasionne probablement les éruptions des volcans & les tremblemens de terre.

Parmi plusieurs exemples de fer sulfuré, découvert dans la Belgique, nous citerons les *Marcasites d'Ostarge*, à une lieue environ de Saint-Ghilain, département de Jemmappes. En sortant de terre, ils sont d'une belle couleur jaune & de formes quadrangulaires oblongues, de différentes grandeurs, réunies en grouppes; mais exposés à l'air ils tombent en efflorescence, & se réduisent en une poussière blanchâtre, formant du *Fer sulfaté* (1).

On trouve aussi des *Marcasites cubiques* dans la houille de *Herstal*, près de Liège. Le *Pyrite alumineux* de *Neury*, dans le Luxembourg, sert à la fabrication de soufre & d'alun.

Il arrive que cette mine perd son éclat par l'évaporation du soufre, & prend une teinte brune, qui change premiérement la superficie, & pénètre ensuite toute la masse. Dans cet état, la mine est connue sous le nom de *Fer hépatique* (2), ou de couleur de foie. On en rencontre des échantillons qui n'ont cette couleur qu'au dehors, & qui sont encore d'un jaune doré en dedans. Les deux mines donnent du soufre par la fusion.

---

(1) *Ferrum sulphuratum.* Lin.
(2) *Ferr. hepaticum.* Gm.

H

Il existe aussi un *Sulfure de fer arsénié*, nommé *Arsenic gris*, & *Pyrite d'orpiment*. Il se distingue du fer arsenical, ou du véritable mispickel, par le défaut de crystallisation & par le soufre qu'il contient en grande abondance.

Les combinaisons du fer avec l'*Oxigène* sont très-variées, quoiqu'elles se rangent toutes sous les trois espèces établies par *Hauy* ; savoir :

Le fer *Oxidulé*, *Oligiste* (1) ou vitreux & *Oxidé*.

Le fer *Oxidulé*, ou très peu oxidé, se crystallise en tétraèdre (2) double, plus ou moins marqué. Il est de couleur noirâtre, & le plus souvent très - attirable à l'aiguille aimantée & à la limaille de fer. On distingue sous le nom d'*Aimans naturels* (3) les morceaux de cette mine qui possèdent la même propriété à un degré plus considérable, & que l'on taille & garnit d'une armure pour augmenter leur puissance. Elle se rencontre fréquemment en Corse , aussi bien qu'en Suède. On croit que cette minéralisation est l'ouvrage de l'eau.

____

(1) Ce mot, tiré du grec, doit signifier *peu abondant en métal*.

(2) *Ferrum tetraëdrum*. Gm.

(3) *Ferrum magnes*. Lin. *Fer, granulare*. Gm.

L

Le fer *vitreux*, oligiste de *Hauy*, comprend le fer *spéculaire* & le fer *micacé*.

Le fer *spéculaire* (1) est auffi d'une oxidation affez peu confidérable pour laiffer encore à la mine quelque action magnétique ; mais il eft d'une confiftance beaucoup plus dure que le fer oxidulé, & fe cryftallife en parallélipipèdes rhomboïdales, en lames brillantes & très-fragiles, à caffure vitreufe, fe réduifant facilement en une poudre rougeâtre. On attribue fon oxidation au feu ; & il fe rencontre fouvent dans le voifinage des volcans.

Il eft une variété approchant plus régulièrement des formes cubiques, ajoutant au brillant métallique des couleurs irifées. Cette mine, connue fous le nom de *Fer de l'île d'Elbe*, où elle eft très-abondante, quoiqu'on la trouve auffi à Fromont en Lorraine & ailleurs, fait, par la beauté de fes couleurs, l'ornement des cabinets de minéralogie.

Le *Fer micacé* (2), oligiste écailleux de *Hauy*, eft d'une oxidation plus avancée, & qui le rend prefque inaltérable à l'aimant. Il eft d'une confiftance molle, de teinte rougeâtre, parfemé de parcelles brillantes d'un éclat d'acier poli. On

---

(1) *Ferrum fpeculare.* Lin. *Fer. rhombeum.* Lin. *Fer. lamellofum.* Gm. *Fer. nitens.* Cronftedt.
(2) *Ferrum micaceum.* Lin.

en a une variété qui ne salit en rouge que lorsqu'elle est mouillée (1), & l'autre qui est salissante à sec : c'est le *Eisenram* des Allemands. On les trouve en Suède & en Allemagne. La dernière paroit être une altération de l'autre, quoique *Hauy* l'ait rangée avec les *Hématites*.

Le *Fer oxide*, ou *saturé d'oxigène*, est généralement d'un aspect poudreux & dépourvu de crystallisation, à moins qu'on ne veuille appeler ainsi des tubercules, des stries & des rayons divergens, dont on le voit quelquefois marqué, & qui indique son tissu fibreux. Il n'a aucune action sensible sur l'aiguille aimantée.

La première variété de cette espéce est la mine de fer *Hématite* (2), nommée ainsi, à cause d'un enduit rouge de sang dont elle se couvre le plus souvent, & à travers duquel perce quelque éclat métallique.

On en trouve en Suède une variété à petits grains agglutinés (3), d'une couleur rouge, garnissant les cavités du fer hématite en masse. Cette mine, exposée au feu, passe facilement à l'état d'oxidule noir, & redevient attirable à l'aimant & au fer.

---

(1) *Ferrum rubricosum*. Lin.
(2) *Fer. hématites*. L.
(3) *Fer. glomeratum*. L. Variété du *Fer. compactum* de Gm.

Une seconde variété se présente dans la mine connue sous le nom de *Fer limoneux* (1). Elle est d'une consistance compacte, de couleur jaune, tirant plus ou moins sur le noir, sans aucun éclat métallique, jaunâtre en-dedans, même dans les sous - variétés noires. On en voit en masse informe dans les terrains marécageux ; en stalactite mamelonnée près de Louvain, à fleur de terre de la *montagne de Fer* ; stalactite en gros filets croisés, dans les remparts du château de Namur, ce qui indique une formation assez récente ; & en morceaux détachés partout le pays entre Louvain, Namur & Liège. Autre part, on en rencontre en grains de vastes étendues de différente grosseur, depuis celle de la tête d'une épingle jusqu'à celle d'une petite balle de pistolet. Leur formation est de couches concentriques. C'est cette mine qui est la plus commune en France.

Les *Aëtites* (2), ou *Pierre d'aigle*, n'en forment aussi qu'une sous - variété. Ils sont de la grosseur d'un œuf, & d'une formation concentrique, dont les couches intérieures, ayant souffert quelque retrait en séchant, se sont détachées de la croûte & laissent entendre un petit bruit

____

(1) *Ferrum subaquosum.* Gm.

(2) *Fer. aëtites.* Lin. Variété du *Fer. subaquosum* de Gm.

lorfqu'on les agite. Si la cavité de ces pierres eſt vide, on les appelle *Géodes martiaux*.

La mine appelée *Ochre martiale* (1), ſoit en maſſes, ſoit en poudres, & de teintes diverſes, entre le jaune & le rouge, provient des débris du fer oxidé limoneux.

Le *Fer argilleux* (2) n'eſt proprement dit que de l'argille mêlée d'ochre de fer. Ses formes & ſes couleurs ſont variables ; mais lorſqu'elle préſente de grandes maſſes, elle eſt ordinairement d'une conſiſtance feuilletée. Il s'en trouve dans la Belgique, qui, fondue d'abord avec du flux noir & expoſée pendant quelques jours à l'air, s'eſt convertie en une ſorte de gelée, dont l'évaporation à ſiccité a fourni une poudre blanchâtre, qui a pris une belle couleur bleue dans l'infuſion de l'acide nitrique, qu'elle a conſervée dans l'exiccation, mais dont la flamme du chalumeau l'a dépouillée pour lui rendre la teinte jaune de l'ochre de fer ; d'après les expériences du C. *Deroover*, lues à l'aſſemblée de la *Société des ſciences naturelles*, ſéante à Bruxelles.

Fer oxidé ſiliceux, ou *Quartzifère de Hauy*, nommé vulgairement *Emeril* (3), eſt d'une du-

---

(1) *Ferrum ochraceum.* Lin.
(2) *Fer. argilloſum.* Gm.
(3) *Smiris pollens.* Gm. *Fer. ſquamoſum.* Lin.

reté donnant des étincelles au choc du briquet,
& rayant tous les corps, excepté le diamant ;
ce qui rend sa poussière si utile dans la bijouterie, dans la verrerie fine, & même pour donner
le premier poli aux métaux. Il est ordinairement
d'une couleur rouge brune, mais quelquefois avec
une teinte cendrée. L'émeril se rencontre en
rognons sur les roches primitives en différentes
parties du monde, & même près des côtes de la
France, dans les îles de Jersey & Guernesey.
Les anciens le tiroient de l'île de Naxos, dont
la pointe, nommée *Cap émeril*, a conservé cette
dénomination jusqu'à nos jours.

Les *combinaisons* du fer avec les *Acides* sont :

Le *Fer carbonaté*, qu'on a nommé *spatique* (1)
à cause de sa crystallisation rhomboïdale & de
sa couleur blanche - jaunâtre, & qui a été,
par la même raison, réuni par *Hauy* à la
chaux carbonatée crystallisée. La couleur noircit au feu & par une longue influence de
l'air, ce qui provient d'un mélange de manganèse. Cette mine se rencontre à Wendberg dans le
pays de Bergh & autre part sur le Rhin ; aussi
bien que dans le Dauphiné, dans les Pyrénées
& en Angleterre.

Le *Fer sulfaté*, vulgairement vitriol martial,
ou couperose verte native. Couleur d'un vert-

---

(1) *Ferrum spatosum*. Lin.

clair précipitable en noir par *l'acide gallique.*
Cryſtalliſation rhomboïdale, mais que l'on diſtingue à peine, puiſque cette mine ne fe rencontre guéres qu'en état d'effloreſcence fur celle
de fer fulfuré ou fur quelque fchiſte ferrugineux.

Le fer fulfaté fe forme par la combinaifon de
l'oxide de fer avec l'acide fulfurique; expofé au
feu, il perd une partie de cet acide, & fa couleur change alors en rouge. Le même changement fe fait à la longue par l'influence de l'air.
Cette mine étant un vrai fel, fe trouve diffoute
dans quelques eaux thermales ou bains chauds.

Quoique j'aie déjà fait mention de cette mine
parmi les fels, j'ai cru devoir en rappeler le fou-
venir parmi les mines de fer. Elle appartient aux
uns & aux autres.

Le *Fer chromaté* eft affez dur pour rayer le
verre, mais fe caffe facilement fous le marteau. Il
eft infufible au chalumeau, à moins qu'on n'y ajoute
du borax, qu'il colore alors d'un verd d'éme-
rande, très-différente de fa couleur naturelle, qui
eft brune-foncée avec quelque éclat métallique,
& donnant par la trituration une pouffière cendrée. Il a été découvert dans les mines du Var,
& analyfé par *Vauquelin.*

Le *Fer azuré* (1) de *Hauy,* ou *Fer pruffiaté*

____

(1) *Ferrum cæruleum* Gm.

la chimie, plus connu sous le nom de *Bleu de Prusse*, est une poussière de couleur bleu céleste, insoluble dans l'eau, & sur laquelle les acides n'ont aucun effet, mais qui se ternit par l'action des alcalis : cette mine, assez rare dans la nature, est disséminée dans les tourbières, & autres terres argilleuses remplies de débris des végétaux. Il s'en trouve près de Caen en Normandie, dans les environs de Metz en Lorraine, & dans quelques terrains marécageux entre Bruxelles & Anvers. Il est surtout abondant près de la ville de Diest, département des Deux-Nèthes, où il couvre une étendue de terrain considérable. Ici, comme dans la Prusse, il semble être le produit de la fermentation du fond des marais, remplis de matières végétales & animales en décomposition. Ce terreau, gonflé & se produisant au jour, est d'abord noir, & ne prend que peu à peu cette teinte bleue, qui semble être due à l'action de la lumière & de l'air. La nature de l'acide que l'on nomme *Prussique*, & qui donne cette couleur au fer, n'est pas encore assez connue.

J'ignore s'il n'est pas au mélange de ce fer azuré avec une argille jaune ochracée qu'il faut attribuer une mine de fer verte que l'on trouve éparse dans la Belgique, & qui, à la couleur & à la dureté près, ressemble à un mortier pétri de petits cailloux.

Le fer en général eſt diſſéminé dans toutes ſortes de terrains : il entre même pour beaucoup dans la formation des corps organiques. Ses différens oxides agiſſent dans les couleurs végétales, & on lui attribue même la couleur rouge du ſang.

Les uſages du fer comme métal ſont innombrables.

On peut dire que le perfectionnement de ſon emploi eſt la meſure de la civiliſation des peuples.

Le meilleur fer forgé, & que les Anglois emploient dans leurs ouvrages d'acier, dont la fineſſe & le poli paſſent l'imagination, provient des mines de Suède, d'où il s'exporte en barres, tant quarrées, qu'applaties.

Des plaques minces de ce fer, couvertes des deux côtés d'une couche d'étain, forment le *Fer-blanc*, dont l'uſage eſt ſi étendu.

Le ſulfate de fer eſt la baſe principale des teintures en fer & de l'encre.

Le pruſſiate de fer eſt employé dans la peinture; c'eſt de même avec les oxides de fer noir, jaune & rouge.

On ſait que les oxides artificiels de ce métal, connus dans la pharmacie ſous les noms d'*Ethiops martial*, *Saffran de Mars*, &c. dont la préparation eſt aujourd'hui très-perfectionnée, ſervent dans la médecine comme aſtringens & fortifians.

L 5

L'Etain est d'une consistance grenue, qui fait entendre un petit craquement lorsqu'on la casse ou la ploie, mais qui s'applatit sous le marteau en lames ductiles & brillantes. Sa couleur est blanchâtre, tenant un milieu entre celles de l'argent & du plomb. Sa pesanteur est environ 7 fois & un quart son volume d'eau. Il est soluble dans tous les acides, & oxidable par le seul contact de l'air, aussi bien que par le feu. Il se crystallise en rhombes, composés d'aiguilles réunies de leur longueur.

On prétend avoir trouvé de l'*Etain natif* (1) en Cornouailles, province d'Angleterre; mais cette mine est extrêmement rare.

L'*Etain oxidé* est plus commun; sa couleur varie beaucoup. Il y en a de blanc, de gris, de jaune, de rouge, de brun & de noir; mais sa crystallisation est toujours approchante d'un cube, dont deux faces opposées sont plus ou moins décroissantes, & quelquefois même appliquées l'une contre l'autre dans une position renversée. Ces oxides pèsent entre cinq & six fois leur volume d'eau, & ainsi toujours un peu moins que le métal pur.

La variété blanche, connue sous le nom de *Spath d'Etain* (2), & qui a le plus souvent une

---

(1) *Stannum nativum.* L.
(2) *Stan. spatosum.* L.

teinte verdâtre ou jaunâtre avec quelque transparence, a été regardée comme un mélange d'oxide
d'étain & d'arfenic ; mais l'analyfe a prouvé que
cette mine ne contient d'autre métal que l'étain.

La variété rouge, quelquefois jaunâtre, en
petits cryftaux demi-transparens & quelquefois
arrondis & ftriés, nommée par les Allemands
Zinn-witter (1), ou dragées d'étain, contient plus
d'oxide de fer que de celui d'étain.

Quoique l'étain oxidé brun ou noir ne foit pas
non plus exempt de fer, il fait cependant la mine
la plus riche en étain auffi bien que la plus commune. Elle donne près de 80 pour cent. C'eft
celle que l'on connoît en Allemagne fous le nom
de *Zinn graupen* ou grenat d'étain (2).

Il eft remarquable qu'on rencontre cette mine
dans la chaux fluatée auffi bien que dans le
quartz, mais jamais dans la chaux carbonatée.

Le *Zinn-ftein* des Allemands, ou pierre d'é-
tain (3), eft une forte de grès filiceux mêlé de
tous les différens oxides d'étain, & qui n'eft pas
d'un grand rapport.

L'*Etain oxidé fulfuré* (4), décrit par *Bergmann*
& par *Klaproth*, eft quelquefois d'une couleur

---

(1) *Stannum granulatum.* Lin.
(2) *Stan. cryftallinum.* L.
(3) *Stan. amorphum.* L.
(4) *Stan. pyriteofum.* Gm.

L 6

jaunâtre, approchant de celle du zinc, & quelquefois nuancé de gris-pâle & de gris-foncé. La
première variété, très-riche en étain, a été trouvée en Sibérie, & la seconde en Angleterre ;
cette dernière, ressemblant à une mine d'argent,
mais ayant la cassure plus grenue, contient presqu'autant de cuivre que d'étain.

On fait, par une calcination prolongée, un
oxide artificiel d'étain, connu sous le nom de
Potée, formant une poussière dure blanchâtre,
qui sert à polir d'autres métaux & des pierres-
taillées ; vitrifié avec du sable blanc & de la
soude, il forme un émail qui est d'un grand
usage dans les ouvrages d'horlogerie, bijouterie
& manufactures de porcelaine.

Cet oxide est très-difficile à réduire, il décompose rapidement l'acide nitrique & d'autres acides, & s'empare de leur oxigène ; étant suroxidé
par cette augmentation, d'où il naît une double
affinité, il ne peut plus se dissoudre dans les
acides, & fournit une nouvelle indication de *la
cause qui rend les terres insolubles.*

L'étain combiné artificiellement avec le soufre
forme une masse onctueuse jaunâtre, que l'on
nomme *Or mussif.* Il est probable que la *Mine
dorée* (1) *d'étain*, citée par *Gmelin*, est de la
même nature. Il sert particulièrement à enduire

____

(1) *Stannum aureum.* Gm.

les couffins des machines électriques. On l'emploie aussi pour donner une couleur de bronze aux métaux & aux bois peints.

Dans le bronze véritable, dont on fait des canons & des cloches, il n'entre qu'*un cinquième d'étain sur quatre cinquièmes de cuivre*.

L'alliage de l'étain avec d'autres métaux les rend plus durs & plus sonores, mais diminue leur ductilité. Mêlé avec du plomb, il sert à des foudures, & à l'étamage des batteries de cuisine. La résine fondue, que l'on emploie à cette opération, fait mieux couler l'étain.

Des feuilles minces d'étain, couvertes d'une couche de vif-argent, servent à l'étamage des glaces de miroir. Ayant placé horizontalement la glace sur cet appareil, on la charge d'un poids pour exprimer le vif-argent superflu, aussi bien que l'air, dont la sortie donne lieu à l'adhérence des deux surfaces.

L'étain est employé dans la teinture pour rehausser quelques couleurs rouges. C'est sa dissolution dans l'acide muriatique, mêlée à l'infusion de la cochenille, qui forme la teinture d'*Écarlate*.

Pour essayer les mines d'étain & savoir combien elles contiennent de métal, on les réduit en poudre & les met dans un creuset de charbon, renfermé dans un creuset d'argille brasqué, c'est à dire ayant l'intérieur enduit d'un mélange d'argille & de charbon pilé ; on l'expose à un feu

de forge pendant une demi-heure. Le poids du
minéral avant l'opération & celui du métal obtenu, donne le produit estimatif de la mine.

Le PLOMB est d'une consistance ductile, mais
friable, sans la moindre élasticité & ne rendant
aucun son. Il est aussi bien rare de lui trouver
des vestiges de crystallisation. On sait cependant
que *Morget*, le jeune, en a obtenu des pyramides quadrangulaires, qui paroissoient composés
d'octaèdres.

En fondant au feu, il se couvre d'un oxide
qui donne au verre une couleur jaune. Il se dissout dans tous les acides, en leur donnant une
saveur douceâtre, sans les colorer.

Le plomb exhale une odeur désagréable lorsq-
qu'on le frotte. Sa couleur est un gris-foncé, mais
qui se change bien vite à l'air, en se couvrant
d'une espèce d'oxide qui en ternit l'éclat.

La pesanteur du plomb est un peu plus de onze
fois son volume d'eau.

L'existence du *Plomb natif* (1) a été admise
par les minéralogues suédois & anglais, & l'on
en trouve une mine en différens endroits de l'Allemagne, même dans le pays de Juliers, en petits grains anguleux, qui ont toute l'apparence de
plomb natif ; mais elle est niée par d'autres.
Guyton, qui a examiné beaucoup d'échantillons,

—————————————————————————

(1) *Plumbum nativum*, L.

lent à trouvé des marques d'une *fusion antérieure*, de sorte que ce n'étoit plus que du plomb en régule, provenant, sans doute, de la mine de *Plomb sulfuré*.

Hauy regarde cependant comme du plomb natif des échantillons apportés de l'île de Madère, & consistant » en petites masses contournées, engagées dans une lave tendre. «

Le *Plomb sulfuré*, connu sous le nom de *Galène* (1), très reconnoissable à son vif éclat métallique qui se ternit rarement, & à sa crystallisation en cube ou en fraction de cube, est très-abondant dans la nature, & contient toujours un peu d'argent. C'est presque la seule mine de plomb qui vaille la peine d'être exploitée. Nous en avons cependant plusieurs dans le pays dont on ne fait aucun usage ; comme par exemple celle de Vedrain (2) près de Namur, & une autre près d'Audenarde. Celle de Flone, près de Liége, s'exploite avec avantage.

On trouve dans les mines de plomb sulfuré des parcelles d'argent, de fer & de cuivre, surtout à l'état de sulfure. Mais il n'y a guéres que l'*Antimoine* qui s'unit à lui en proportions plus égales, & forme le plomb luisant fibreux,

---

(1) *Plumbum galena.* L.

(2) *Voyez* la note du C. *Pérez*, fils, sur cette mine, dans l'*Esprit des Journaux*, Vol. de Germinal an 9.

qui fe caffe en croûtes. On peut le nommer à jufte titre *Plomb antimonial* (1).

Le *Plomb* oxidé pur eft fi rare, que les chimiftes français en regardent l'exiftence comme très-incertaine. Elle a cependant été admife par *Linné* & *Cronftedt*, & l'on croit avoir trouvé quelque *Cérufe native* (2) ou oxide naturel blanc du plomb, dans les mines de Vienne, département d'Ifère.

Si les autres oxides de plomb, tels que le *Maffcot* & le *Minium*, ne fe trouvent pas abfolument dans les mines, ils ne laiffent pas d'être des productions de la nature avec très-peu de fecours de l'art. Le plomb, expofé dans l'air à une chaleur de fufion, prend d'abord une couleur grife, paffant peu à peu au gris-foncé, étant déjà un vrai oxide, & changeant par la continuation de la même chaleur en un *jaune brillant*, qui eft le maffcot, & puis en un *rouge vif*, qui eft le minium. Ces oxides, expofés à une forte chaleur, fe fondent en une maffe écailleufe & un peu vitrifiée, qu'on appelle *litharge*, matière dont on fait un ufage pernicieux pour adoucir les vins aigris. La *Cérufe* des boutiques

(1) *Plumbum ftibiatum.* Lin.
(2) *Pl. ochraceum,* Id.

est un mélange de craie & d'un oxide de plomb artificiel par le moyen du vinaigre, que l'on nomme communément *Blanc de plomb*, & que la chimie désigne sous le nom d'*Acétite de plomb*.

Si les oxides purs de plomb sont rares dans les mines, leurs combinaisons avec différens acides sont plus fréquentes.

Le plomb sulfuré brûle quelquefois à l'air dont il absorbe l'oxigène, & se couvre d'une effloresscence qui est un vrai *Sulfate de plomb* (1). On a même trouvé ce sulfate *natif* en stalactite strié, friable, blanc ou noirâtre, & dissoluble en dix-huit fois son poids d'eau.

On en a aussi découvert de crystallisé en petits octaëdres de couleur jaune, avec fer & argille, dans l'île d'Anglesey.

Le *Plomb phosphaté* (2) est d'une couleur verte-jaunâtre. Il est d'une consistance dure, un peu transparente, à cassure vitreuse. Sa crystallisation est en prismes hexsèdres, quelquefois réunis par un de leurs bouts. Fondue au chalumeau, cette mine se forme en boules à plusieurs facettes. On peut en séparer l'acide phosphorique, en la distillant avec du charbon, & même en la traitant à l'acide nitrique.

---

(1) *Plumbum vitriolatum.* Gadolin.
(2) *Pl. virens.* L.

Il existe aussi une mine de *Plomb phosphaté sul-
fureux* (1) crystallisé en prismes à quatre pans,
de couleur brune, quelquefois avec demi-trans-
parence & couverte d'une poussière noire.

Une mine de *Plomb phosphaté arsenié* (2) est
d'une consistance dure, mamelonnée, de couleur
verdâtre. Sa surface est parsemée de petits brillans.
Fourcroy a trouvé cette mine près de *Pontgibaud*,
département de la Côte-d'Or, où elle est très-
abondante. Elle se rencontre aussi près de Ro-
sières, sur une couche de silice ferrugineuse.

Le *Plomb arseniaté* (3) est en filamens jaunes
ou jaunes verdâtres, soyeux & transparens, d'une
consistance fragile, semblable à l'amianthe, quelquefois libres & quelquefois en concrétions sur
le quartz & la chaux fluatée. Cette mine exhale
au chalumeau une forte odeur d'ail ; elle se trouve
dans les montagnes d'Andalousie.

Une mine semblable, découverte nouvellement
par le C. Champeaux, près de St. Prix, département de Saône & Loire, se réduit facilement
au chalumeau, & a été jugée par *Vauquelin* ne
pouvoir être qu'une combinaison de plomb &
d'arsenic en état de *simple oxidation*. C'est pour-

---

(1) *Plumbum fuliginosum.* Gm.
(2) *Pl. alverinum.* Id.
(3) *Pl. arseniatum* Id.

quoi que *Hauy* l'a nommée *Plomb arſénié*. Des expériences ultérieures détermineront ſi la mine d'Andaloufie eſt de même nature , ou ſi elle contient véritablement de l'acide arſenique , comme *Prouſt* l'avoit affirmé.

Le *Plomb molybdaté* (1) a été découvert par *Klaproth* , dans la mine de *Bleyberg* , & analyſé par *Vauquelin*. Elle eſt de couleur jaune , d'une conſiſtance lamelleuſe , comme le molybdène ; les lames quarrées , quelquefois avec les angles coupés , ce qui leur donne une forme octogone. Elle ſe rencontre auſſi en France , près de St.-Prix ſous Rouvroy.

Le *Plomb chromaté* , découvert en l'an 6 , ou 1797 , par *Vauquelin* , dans la mine de plomb rouge de Sibérie (2) , il eſt d'une conſiſtance le plus ſouvent cryſtalliſée en priſme quadrilatère d'une couleur rouge-vif , avec demi tranſparence. On trouve quelquefois de petits cryſtaux de ce ſel métallique ſur l'eſpèce ſuivante :

Le *Plomb carbonaté* , vulgairement *Plomb ſpathique* (3) ou *Plomb corné* (4) , eſt d'une conſiſtance vitreuſe demi-tranſparente , dont la cryſtalliſation eſt très-variable , ſouvent en priſmes al-

---

(1) *Plumbum flavum.* Gm.
(2) *Pl. rubrum.* Lin.
(3) *Pl. ſpatoſum.* Id.
(4) *Pl. corneum.* Gm.

longés ; la couleur conſtamment blanchâtre. Ce qui la diſtingue de toutes les autres mines de plomb , c'eſt qu'elle fait efferveſcence avec les acides. On ne la trouve guères que ſur les parois des filons de plomb ſulfuré , & toujours en petite quantité.

Le plomb, comme métal , s'amalgame avec le mercure , & s'allie artificiellement aux autres métaux. Lorſqu'il s'oxide dans un pareil mélange , il hâte l'oxidation des métaux oxidables , auxquels il ſe trouve uni , les entraîne avec lui , & les ſépare ainſi des métaux moins oxidables tels que l'or & l'argent , ce qui ſert pour l'affinage ou la ſéparation des alliages de ces métaux précieux.

Le plomb ſulfuré eſt en uſage en poterie , & y ſert de vernis pour les ouvrages communs. Les oxides blancs & rouges de plomb ſervent dans la peinture.

Quelque nuiſibles que ſoient les oxides de plomb pris intérieurement , ils ſervent beaucoup dans la médecine externe. Ils entrent dans des emplâtres comme remèdes ſiccatifs. La diſſolution de plomb dans du vinaigre , qui n'eſt en effet qu'une *oxidation liquide* , s'emploie ſous le nom d'*Extrait de Saturne* , comme un calmant pour les ulcères & pour amollir les tumeurs. Lorſqu'on laiſſe évaporer cette diſſolution , elle donne une cryſtalliſation ſaline connue ſous le nom de *Sucre de Saturne* , qui ſert aux mêmes uſages.

(261)

Fourcroy, dont les travaux chimiques ont rendu tant de services à l'humanité, a aussi trouvé un réactif propre à déceler l'abus pernicieux que l'avarice fait du goût douceâtre des oxides de plomb pour falsifier les boissons. Il nous apprend à les découvrir dans le vin, en y versant une dissolution de gaz hydrogène sulfuré dans de l'eau distillée ; s'il y a de la *Litharge*, il se précipite en une poudre noire.

Pour essayer une mine de plomb, on commence par la bien piler & laver, & puis on la grille dans un têt couvert, pour éviter la perte qui pourroit se faire par la décrépitation. Ensuite on la fond dans un creuset brasqué avec deux fois son poids de borax, mêlé d'un peu de muriate de soude décrépité, & d'une petite quantité de charbon pour absorber l'oxigène, en même-temps que le flux de borax s'empare du soufre, & le sel couvre la matière pour empêcher l'évaporation. On pèse le métal obtenu par la fonte, & son poids, comparé à celui de la mine employée, donne la mesure de la richesse de cette mine. L'on peut employer la soude au lieu de borax, mais le résultat devient moins exact, à cause de la dissolution qui se fait dans l'alcali d'une partie de l'oxide métallique.

Pour connoître la proportion d'argent que contient la mine de plomb, on place le culot obtenu & exactement pesé sur une petite coupelle formée d'os calcinés, & on le chauffe jusqu'à la sublimation ou une nouvelle oxidation. Le même procédé que nous avons indiqué pour l'essai de l'*Argent.*

L'on peut aussi essayer la mine de plomb sulfuré par l'acide nitrique qui réduit en oxide toute la partie métallique, & la sépare ainsi du soufre, que l'on peut recueillir sur un filtre & peser. L'on précipite ensuite l'oxide de plomb par le carbonate de soude. Les trois quarts du poids de ce précipité est le produit de la mine en métal ; & pour savoir combien ce précipité contient d'argent, on y ajoute de l'ammoniac, qui dissout l'oxide de ce métal sans attaquer celui du plomb ; cent parties de carbonates d'argent en contiennent 77 & demie d'argent pur.

Métaux demi ductiles & oxidables.

Le MERCURE, ou *Vif argent*, quoique toujours en état de fusion à toutes les températures de notre atmosphère, est cependant un métal solide, malléable, & crystallisé naturellement en prismes à un moindre degré de chaleur, que nous appelons *froids*, comparativement à la température de notre sang, qui est infiniment plus élevée. Le point de chaleur où le mercure fond & reste fluide est à 37 degrés du thermomètre centigrade au-dessous de zéro ou la fusion de la glace, ce qui fait environ 30 degrés du thermo. mètre de Réaumur.

Dans les pays septentrionaux, la chaleur est souvent diminuée jusqu'à ce point & quelquefois au-delà ; il est possible que sa diminution puisse aller beaucoup plus loin, & qu'elle soit même habituelle dans les planètes plus éloignées du soleil, où, par conséquent, le vif argent doit rester toujours solide ; en revanche, il est probable que, dans les planètes plus rapprochées du soleil, plusieurs de nos métaux solides, tels que l'*Etain*, le *Bismuth* & autres, sont toujours en état de fusion, tout comme le vif-argent dans notre planète.

Le mercure pèse environ 14 fois son volume d'eau. Il se divise en globules si petites qu'elles passent à travers des pores d'une peau, & même à travers le bois. Il prend, à la température moyenne de l'atmosphère, une couleur terne étant un véritable oxide gris, qui, par une forte chaleur, passe à une couleur rouge, plus ou moins foncée.

Ces variations se rencontrent de même dans la nature ; & quoiqu'il s'en trouve du *Mercure natif* (1), formant des globules métalliques renfermées dans le minérai & s'écoulant par une légère augmentation de chaleur, comme à *Idria* dans le Carniole, à *Stahlberg* du Palatinat & ailleurs, il est bien plus commun d'y voir ses

---

(1) *Hydrargyrum virgineum*. Lin.

différens degrés d'*oxidations*, dont plusieurs se décomposent aussi par la simple chaleur. La combinaison naturelle du mercure avec d'autres métaux ne se rencontre qu'avec l'argent (1), dont on trouve aussi des exemples à *Stahlberg*, dans une mine éclatante & un peu solide. Elle donne de l'argent pur après l'évaporation du mercure par le feu.

Parmi les différens degrés d'oxidation, celui qui contient le moins d'oxide est le *Mercure noir-grisâtre*, nommé communément *Æthiops minéral natif* (2). Il fond facilement au feu & se volatilise en s'enflammant.

La *Mine de mercure oxidée* (3) est de couleur rouge-brune, & de cassure granuleuse. Elle se décompose par la seule chaleur. C'est dommage qu'elle ne soit pas des plus communes, car c'est d'elle que l'on tire le plus de vif-argent. Elle se rencontre en Carniole & en Suède.

Le *Mercure oxidé sulphuré* (4) & d'une couleur rouge claire, que l'on nomme ordinairement *Cinabre*, présente quelquefois une crystallisation dérivant du prisme hexaèdre d'après *Woulfe*, mais on la voit plus souvent en masse informe ou en

---

(1) *Hydrargyrum amalgama*. Gm. Mercure argental de *Hauy*.

(2) *Hydrarg. æthiops*. Id.

(3) *Hydrarg. larvatum*. Id. Var.été.

(4) *Hydrarg. cinabaris*. L.

poussière.

poussière. On la décompose par le moyen d'un
fer rougi au feu : à mesure que le soufre s'évapore , le fer s'empare de l'oxigène , & le vif-
argent reste à nud en globules.

Les mines de cinabre sont les plus communes
& très-abondantes en vif argent. Elles sont nombreuses dans le Palatinat & dans le pays des
Deux Ponts. Il s'en trouve même dans la Belgique, quoiqu'elles ne soient point exploitées. A
Biamont, près de Soignies, département de Jemmappes, il y a une grande étendue de terrain
tenant du cinabre, & dont le vif-argent, vola-
tilisé pendant la chaleur du jour en été, se condense par la fraîcheur de la nuit, & se dépose
en globules dans certaines feuilles, formant une
espèce de cornet, telles que celles de l'*Alchimille*,
de la *Mauve* & autres.

L'analyse du cinabre, & de quelques autres
espèces citées ici, n'indique le plus souvent que
du mercure & du soufre : il faut si peu d'oxigène
dans les oxides de ce métal, qu'on a de la peine
à s'appercevoir de sa présence ; mais les raison-
nemens & la synthèse ne laissent point de doute
que les couleurs dans les mines de mercure ne
proviennent de la même cause que dans celles des
autres métaux.

Le *Mercure suroxidé* (1), ou *Sublimé*, en poussière

---

(1) *Hydrargyrum sublimatum.* Gm.

M

d'une couleur orangée, plus ou moins vive, sur le cinabre, ne peut plus être réduit en état métallique, & s'évapore tout entier en une fumée blanche. Il se rencontre dans les mines de Hesse & de Deux-Ponts.

La mine de *Mercure suroxidé sulfuré* (1), nommé communément *Mercure hépatique*, est d'une couleur rouge foncée, avec une teinte plombée ; elle brûle violemment avec une flamme bleuâtre, & laisse beaucoup de scories.

Une mine de *Mercure arseniaté* (2), couleur rouge claire, brûlant avec une odeur d'ail, a été découverte au Japon.

La plupart des mines de mercure se trouvent dans un terrain calcaire ou schisteux, avec quelque mélange de bitume. Celles d'Idria, en schiste noir, sont très-riches.

Le mercure est dissoluble dans tous les acides, & se combine facilement avec eux.

Il y a deux de ces combinaisons qui sont très-en usage dans la médecine, savoir : le *Mercure doux*, qui est une combinaison de l'oxide de mercure avec l'acide muriatique simple, & le *Mercure sublimé corrosif*, qui est le même oxide uni à l'acide muriatique oxigéné. On sait que ce dernier est un poison, même à la dose d'un grain.

---

(1) *Hydrargyrum hepaticum.* Gm.
(2) *Hydr. glandulosum.* L.

Le mercure, dans son état métallique, est d'un grand usage dans les arts. Il sert dans la dorure du cuivre, & surtout au traitement des mines d'or & d'argent, en s'amalgamant avec les parcelles de ces métaux, dont on le sépare ensuite avec la plus grande facilité par l'évaporation.

Le *Vermillon*, qui est d'un si grand usage pour les peintres, est un sulfure artificiel de mercure.

La fluidité du mercure, à la température ordinaire de notre atmosphère, le rend aussi d'une grande utilité dans les expériences de physique & de chimie, & fournit une preuve facile de la dilatation des métaux, à proportion de la chaleur qui les environne & les pénètre.

Le *Zinc* est un métal bleuâtre, de consistance fibreuse, quelquefois rayonnée, difficilement malléable, quoique très-fusible, fondant même avant que de rougir. La chaleur le rend cassant, au lieu qu'elle amollit les autres métaux.

Il brûle avec une flamme brillante verdâtre, en jetant des flocons blancs; ce qui fait que, mêlé avec du nitre, il est d'un grand usage dans les feux d'artifice. Il s'oxide promptement à l'air.

Il se dissout avec effervescence dans l'acide nitrique, & son oxide ne communique aucune couleur au verre. Sa pesanteur est 7 fois son volume d'eau.

M 2

On n'a point encore vu le Zinc *natif* , ni combiné naturellement avec d'autres métaux , que feulement avec le plomb.

Les mines connues font :

Le *Zinc fulfuré* (1) , vulgairement *Blende* , eft d'une cryſtalliſation rhomboïdale ; quelquefois tranſparente , & de couleur d'un gris-foncé , ayant fouvent une teinte rougeâtre. Caſſure lamelleuſe. Décrépitant au feu , & phoſphoreſcent par frottement dans l'obſcurité. Il fe trouve à Allemont en France.

Le *Zinc oxidé* (2) , vulgairement *Pierre calaminaire* , eft d'un aſpeſt terreux , de couleur jaune grifâtre , & de conſiſtance grenue , électrique par la chaleur. Cette mine fert à changer le cuivre rouge en jaune.

Il s'en trouve une variété brune cellulaire à *Herrenbergh* , pays de Limbourg , département de l'Ourthe ; une autre très-riche , de couleur orangée , à *Eylendorff* , près d'Aix-la-Chapelle ; une pâle jaunâtre , près de *Namur* ; une femblable près de *Tubiſe* , département de la Dyle ; près de *Horreuſe* , département de Jemmappes ; & ailleurs , furtout en Angleterre.

Le *Zinc carbonaté* (3) , nommé zinc ſpatique &

---

(1) *Zincum pſeudogalena.* Gm.
(2) *Zincum calaminaris.* L.
(3) *Zincum ſpatoſum.* Gm. *Zinc. vitreum.* Wallx.

vitreux, est de consistance compacte, quelquefois
caverneuse, renfermant des cryftaux, couleur de
gris bleuâtre, tirant quelquefois fur le vert. Caffure vitreufe. Effervefcence avec les acides.

Cette mine fe trouve en Allemagne & en Angleterre.

Le *Zinc fulfaté* (1), ou la *Couperofe blanche*, eft
une forte de ftalactite ou efflorefcence fur le zinc
fulfuré, montrant une cryftallifation en prifmes
quadrangulaires, fe couvrant à l'air d'une pouffière blanche.

On fait que le zinc partage avec le fer la propriété de décompofer l'eau, en s'emparant de
l'oxigène & en mettant ainfi l'hydrogène en li-
berté. Le métal eft lui-même diffoluble dans tous
les acides. Il fe diftingue auffi par fon efficacité
dans les expériences galvaniques. Son oxide eft
employé en médecine comme deffïcatif.

Métaux caffans & oxidables.

Le Bismuth eft d'une confiftance lamelleufe
embriquée de petits cryftaux triangulaires de couleur jaunâtre, pefant près de dix fois fon volume
d'eau. Sa dureté eft peu confidérable, & il fond
même au feu d'une bougie, chaleur qui ne
furpaffe guères de 280 degrés celle de la fufion
du mercure. A un feu plus foible, il fe couvre

---

(1) *Zincum vitriolatum fublimatum.* Gm. Variété.

d'un oxide jaune verdâtre, qui donne au verre
la même couleur, mais un peu plus foncée. Dans
les acides, le bismuth se dissout sans les teindre.

Sa dissolution dans l'acide nitrique se fait avec
effervescence & chaleur; délayée avec de l'eau,
elle précipite un oxide connu sous le nom de
Blanc de fard.

Le *Bismuth natif* (1), lorsqu'il est pur, a tous
ces caractéres, en y ajoutant une crystallisation
quelquefois cubique & quelquefois en prismes octaèdres; mais le plus souvent il se rencontre en
masse informe, comme près de *St. Sauveur* dans
les Sévennes.

Le *Bismuth sulfuré* (2) offre une crystallisation
en aiguilles parallèles, ou bien en lames d'une couleur bleuâtre avec éclat métallique. Il est d'une
consistance assez molle pour être coupée au couteau.

Le *Bismuth oxidé* (3) est d'une consistance
friable & pulvérulente de couleur jaune-pâle verdâtre, qui sert dans les émaux & dans la peinture sur porcelaine.

Toutes les mines de bismuth se rencontrent
souvent avec celles de cobalt. On a aussi trouvé

---

(1) *Wismuthum nativum.* L.
(2) *Wism. sulphuratum.* G.
(3) *Wism. ochraceum.* L.

en Norwége une combinaison de *Bismuth & de fer
sulfuré*, ayant un éclat métallique grisâtre (1).

Le bismuth a une propriété que l'on connoît
aussi au plomb, d'entraîner dans son oxidation
d'autres métaux auxquels il se trouve mêlé ; mais
dans son état métallique il leur donne plus de
dureté, au lieu que le plomb les amollit. On
le mêle souvent à l'étain pour cette raison.
L'étain, en revanche, rend le bismuth encore
plus fusible. Un mélange de trois parties d'étain
& de cinq de plomb sur huit parties de bismuth,
coule à un moindre degré de chaleur que celui
de l'eau bouillante.

L'ANTIMOINE pèse sept fois son volume d'eau.
Il est d'une consistance feuilletée, de couleur
blanche éclatante, quelquefois en masse informe,
quelquefois en crystaux saillans embriqués & la
surface striée en rayons d'étoile.

Une parcelle de son régule, fondue au chalumeau, se gonfle en une boule enflammée qui
grossit prodigieusement, & se divise en plusieurs
autres boules si on la laisse tomber ; se volatilise enfin, sans laisser d'autre résidu que des
traces noires & charbonneuses.

Mais lorsque le métal n'est pas chauffé au point
de subir une volatilisation entière, les petits glo-

______

(1) *Bismuthum martiale.* L.

bules refroidis se trouvent couverts d'oxide blanc.
Ce même oxide s'obtient en grande abondance,
lorsque l'on expose à l'action de l'air l'antimoine
en fusion. Il donne au verre une couleur jaunâtre.

En faisant subir à cet oxide blanc un chauffe-
ment gradué, il change de couleur à mesure
qu'il perd de son oxigène, & devient d'abord
jaune, puis orangé, ensuite couleur de marron,
& enfin noir, avant que de reprendre l'éclat métallique.

Si l'on tient ce métal fondu en contact avec l'air,
il exhale une vapeur blanche, qui, recueillie dans
un creuset moitié renversé sur celui qui contient
la fusion, se condense & se crystallise en aiguilles
très-fines d'une couleur blanche transparente, que
l'on nommoit autrefois *Neige d'antimoine*.

On trouve de l'*Antimoine natif* (1) aux mines
d'Allemont en Dauphiné. Il a l'éclat métallique
de l'étain, mais on le voit souvent couvert d'un
oxide blanc, contenant quelquefois un peu d'arsenic. Les mêmes mines produisent une variété
plus fortement *arseniée* (2), qu'on appelle vulgairement de l'*Antimoine testacé*. Il est d'une couleur blanchâtre à cassure de facettes brillantes.
Il brûle avec une fumée blanche, & laisse un

-----

(1) *Stibium nativum*. L.
(2) *Stibium arsenicale*. O.

globule métallique pour résidu. Se trouve aussi à Allemont.

L'*Antimoine sulfuré* (1), qu'on nomme ordinairement antimoine cru, offre une cryſtalliſation en priſmes peu divergens à 6 pans & à pyramides à 4 facettes.

La divergence des lames le fait reſſembler au manganèſe ſulfuré ; mais il a plus d'éclat, & frotté contre l'ardoiſe, il laiſſe une trace brillante, plus difficile à effacer.

Il exhale une odeur ſulfureuſe au frottement & à la combuſtion. Il ſe volatiliſe entièrement au chalumeau, & fond même à la chaleur d'une bougie. Cette mine eſt la plus commune en France & ailleurs.

L'*Antimoine ſulfuré arſenié* (2) en maſſes fibreuſes, eſt d'une couleur rouge plombée éclatante. Il entre de même facilement en fuſion, avec beaucoup de fumée.

L'*Antimoine ſulfuré argentifère* (3), vulgairement antimoine plumeux, eſt d'une conſiſtance filamenteuſe, bleu noirâtre avec éclat métallique.

Il ſe rencontre, dans les mines de Cremnitz en Hongrie une ſorte de *Pyrite antimonial* (4) d'un

____

(1) *Stibium vulgare.* L.
(2) *Stib. rubrum.* L.
(3) *Stib. argentigo.* L.
(4) *Stib. argentiferum.* G.

M 5

éclat métallique de fer, à rognure blanchâtre, formé d'un bon *tiers* d'antimoine, un peu moins de cuivre, près d'un *sixième* d'argent, avec un peu de fer & un *neuvième* de soufre.

L'*Antimoine oxidé* (1) est de consistance très-volatile, d'une crystallisation en lames rectangulaires, ou bien en aiguilles divergentes, de couleur blanche, souvent luisante, & quelquefois même irisé comme la nacre de perle.

Cette mine se trouve dans les montagnes de Chalanges & à Allemont, département de l'Isère.

L'*oxide artificiel d'antimoine*, produit par l'action des acides sur le métal, est de même blanc & de plus soluble dans l'eau. Il forme avec la potasse & l'acide tartareux le vrai *Stibium muriaticum*, qui n'est pas une espèce naturelle.

L'*Antimoine oxidé rouge* (2) de *Daubenton*, en amas d'aiguilles soyeuses, se rencontre souvent en efflorescence sur d'autres mines d'antimoine. Il ne faut pas le confondre avec le *Kermès minéral* de la pharmacie, production de l'art, qui sert d'émétique, & où il n'entre aucune oxidation, mais un sulfure alcalin combiné avec l'antimoine.

Les exploitations d'antimoine les plus considérables en France, sont celles des mines d'*Alais* dans le ci-devant Languedoc, & d'*Usez* en Au-

---

(1) *Stibium muriaticum.* G.
(2) *Stib. stibigo.* L.

vergne. Les gangues font le plus fouvent fchif-
teufes.

Le *Verre d'Antimoine*, d'une couleur brune-
jaunâtre, avec demi-tranfparence, provient de la
fufion du fulfure d'antimoine, qui s'eft ofidé au
feu, avec perte de la plus grande partie de fon
foufre.

On fait que l'antimoine eft employé dans la
pharmacie, & qu'il entre dans la fonte des caractéres d'imprimerie.

Le TELLURE eft un nouveau métal découvert
par *Klaproth* en 1797, dans les mines d'or de la
Tranfylvanie. Il fond déjà à 200 degrés au deffus
de la fufion du mercure, & brûle avec une flamme
bleuâtre, fe volatilifant comme l'arfenic, mais
fans odeur d'ail. Par une chaleur équivalente, fans
contaft de la flamme, il devient liquide & bouillonne comme de l'eau. Lorfqu'on le laiffe refroidir lentement, il fe cryftallife en prifmes qui
s'affemblent en une confiftance compacte lamelleufe, plus blanche & plus éclatante que le
plomb, mais plus légère prefque de moitié, puifqu'elle ne pèfe qu'un peu plus de fix fois fon
volume d'eau, & du refte très caffante.

Ce métal, qui n'a point encore été trouvé *natif*, eft le régule extrait de la mine par le procédé fuivant :

M 6

Klaproth faisoit diffoudre la mine d'or ci-deffus dans de l'acide nitro-muriatique. En y ajoutant de la potaffe, il fit précipiter les oxides d'or & de fer qui s'y trouvoient, & ayant chauffé le réfidu d'oxide dans une cornue avec du charbon jufqu'à le réduire en fubftance métallique, d'après le procédé en ufage avec les oxides de mercure, de plomb & autres, il lui a trouvé des caractéres affez marqués pour former un métal diftinct.

La mine de *Tellure* de *Façbay*, nommée d'après la montagne où elle a été trouvée, avoit déjà été défignée fous le nom d'*Or blanc* & d'*Or paradoxe*, mais fans qu'on l'eût encore analyfée. Elle eft mêlée d'or & de fer, mais en petite quantité, & fe préfente en grouppes de grains brillans fur un fonds de pierre filiceufe blanche.

La mine de *Tellure* d'*Offenbay*, connue fous le nom d'*Or graphique*, eft figurée en cryftaux prifmatiques comprimés, reffemblant à l'écriture turque ou fyriaque. La couleur de cette mine eft jaune-de-paille, & fon analyfe donne un peu d'or & d'argent avec beaucoup de fon métal particulier. La veine eft une couche de porphyre.

Les montagnes de Nagyag produifent une efpèce de *Tellure feuilleté*, dont la cryftallifation eft en petites plaques hexaèdres, dans une mine de confiftance cellulaire, de couleur gris-de-plomb foncé ;

fon analyfe découvre un petit mélange d'or, d'argent & de cuivre.

Une mine de *Tellure fulfuré* fe trouve au même endroit. Sa confiftance eft lamelleufe rayonnée, & fa couleur jaune foncée.

Elle contient avec le foufre un peu d'or, d'argent & de plomb.

Le Cobalt eft un métal dur, à caffure finement grenue; couleur grife, tirant fur le lilas; ayant peu d'éclat métallique. Sa cryftallifation eft en général peu déterminée. Sa confiftance eft très - friable, de couleur d'étain. Sa pefanteur eft près de 8 fois celle de l'eau. Son oxide noirâtre, produit par le feu, donne, par le borax, un verre de bleu d'azur. Il fe diffout avec effervefcence dans l'acide nitrique, & lui fait prendre une couleur rougeâtre, qui change en verte par la chaleur, & même en bleue, fi le cobalt eft exempt de mélange.

Il n'eft ici queftion que du *Cobalt en régule*. Il n'exifte point de *Cobalt natif* pur. Il eft toujours mêlé de bifmuth, de nicole, & furtout de fer, ce qui le rend très fenfible au barreau aimanté. Il s'unit auffi prefque avec la même préférence à l'*Arfenic*, formant une mine de couleur obfcure d'acier, répandant une odeur d'ail lorfqu'elle eft chauffée.

La mine de *Cobalt oxidée* (1) est d'une consistance compacte, grise - noirâtre, avec surface
pulvérulente de diverses couleurs, mais qui devient grise - foncée, luisante par le frottement
contre un corps dur. Cassure grenue, de couleur terne, quelquefois parsemée de taches pales-
rouges bleuâtres, qui font un arseniate distinct
de Cobalt. Cette mine est plus commune en Allemagne, mais elle se rencontre cependant en
France, dans le Dauphiné près d'*Allemont*; à
Ste. Marie aux Mines dans la Lorraine, & aux
Pyrénées.

Il s'en trouve aussi dans les Pays-Bas, comme,
par exemple, près d'Enghien, d'où l'on a tiré
du minérai pour la manufacture de safre à Gand,
mais dont l'exploitation est à présent abandonnée,
comme trop dispendieuse pour lutter contre les
manufactures hollandaises du même genre.

La *Mine de cobalt sulfuré* (2), volgairement
cobalt gris, est de couleur grise-blanchâtre, avec
éclat métallique, & un peu tachetée. Elle exhale
au feu une odeur de soufre, & même d'ail, lorsqu'il y a quelque mélange d'arsenic.

C'est cette espèce qui offre les crystaux les
plus marqués : souvent de forme cubique, mais

---

(1) *Cobaltum ochraceum.* Lin.
(2) *Cob. sulphuratum.* Gm.

aussi en prisme alongé à quatre & à six angles.
La première forme peut être attribuée au mélange du fer joint au soufre, ce qui, avec le
cobalt, forme une sorte de *pyrite* (1) étincellant
au briquet.

La vraie mine de *Cobalt arseniaté* (2), forme une
sorte d'efflorescence sur les autres mines de cobalt ; elle est crystallisée en aiguilles ou couverte
d'une poudre fine, de couleur de fleurs du pêcher,
ou violette pâle. Ce que l'on appelle *Cobalt tri-
coté*, n'est qu'une mine d'argent en réseaux ou
dendrites, colorée par le *Cobalt arseniaté*.

Le cobalt ne se volatilise point au feu, mais
il y passe à un oxide gris, connu sous le nom
de *Saffre*, qui, fondu avec du sable, porte le
nom de *Smalte*, & s'emploie dans les émaux
bleus, dans la peinture de la porcelaine, &
pour donner une teinte bleue à l'amidon pour le
linge.

C'est le *Cobalt sulfuré* qui est le plus souvent
employé à cette opération ; mais le *Cobalt oxidé*
est celui qui fournit davantage de couleur ; il est
plus rare que l'autre.

La solution du saffre dans l'*Acide nitro muriatique* par digestion, est connue sous le nom

____

(1) *Cobaltum pyriticosum*, Linné d'après Swaab.
(2) *Cob. arseniatum*, L.

d'*Encre de sympathie*, dont l'écriture ne devient visible qu'en l'approchant du feu, & disparoît à mesure qu'elle se refroidit; ce qui peut être répété plusieurs fois.

Le NICOLE ou le *Nickel* des Allemands, est un métal fragile, attirable à l'aimant comme le fer, mais qui s'en distingue d'abord par sa couleur blanche-rougeâtre & sa cassure granuleuse, & puis par son peu d'aptitude de s'oxider à l'air. Sa pesanteur est même plus considérable, & va jusqu'à neuf fois celle de son volume d'eau. Il est presque aussi difficile à fondre que le fer battu. Avant que d'entrer en fusion, il se couvre d'un oxide vert-jaunâtre, qui fait, avec le borax, une vitrification pâle-bleue. Il communique aussi aux acides, dans lesquels il se dissout, une teinte bleue-verdâtre.

Le *Nicole natif* (1) n'est jamais pur. Son attraction pour l'aimant prouve un mélange de fer; c'est aussi à quoi il faut attribuer la ductilité qu'on lui trouve dans quelques mines. Sa couleur décèle de plus un mélange de cuivre, comme son odeur d'ail au feu trahit la présence de l'arsenic. Il se dissout entièrement dans l'acide nitrique. Se rencontre en Suède & en Allemagne.

La *Mine de nicole oxide* (2) est d'une consis-

---

(1) *Nicolum metallicum.* Gm.
(2) *Nic. ochraceum.* Lin.

tance pulvérulente , & ressemble à l'oxide de
cuivre par sa couleur verte ; mais elle ne devient
pas bleu dans l'ammoniaque, comme ce dernier.
Provient de l'efflorescence du nicole natif.

La *Mine de nicole sulfuré* (1), ou *Kupfer-nickel*,
a une consistance compacte , à cassure grenue ,
& une couleur jaune - rougeâtre , avec éclat
métallique. Se trouve souvent mélangé de fer ,
d'arsenic & de cobalt. Exhale, par la chaleur ,
une vapeur sulfureuse. Ne se dissout pas tout à
fait dans l'acide nitrique ; ce qui la distingue du
nicole natif, qui lui ressemble quelquefois par la
couleur. Se rencontre aux mines d'Allemont dans
le ci devant Dauphiné , mais plus communément
en Allemagne & en Suède.

Le MANGANÈSE est un nouveau métal découvert
en Suède par *Bergmann* & *Schéele*, dans le minérai noir roussâtre , connu à présent sous le
nom d'*Oxide de Manganèse*. Le régule qu'on
en tire est d'une consistance grenue, cassante,
d'une couleur métallique brillante blanchâtre ,
mais qui se ternit promptement à l'air, & se
couvre d'une poussière brune, qui, fondu avec
du borax, donne un verre de teinte violette,
plus ou moins foncée, d'après l'abondance de
l'oxide , mais qui rend le verre plus beau &
plus transparent, lorsqu'il n'y entre pas en assez

---

(1) *Nicolum sulphuratum.* L.

grande quantité pour le colorer : il brûle, pour ainsi
dire, tout le mélange de carbone qui pourroit en
altérer l'éclat ; c'est pourquoi qu'on lui a donné
le nom de *Savon des verreries*. Ce métal ne fond
au feu qu'à une température qui répond à 160 degrés du pyromètre de *Wedgewood*, & fait la chaleur la plus forte que l'art est en état de produire dans les forges. Mais d'un autre côté il
brûle & se réduit en cendre si facilement à la
température ordinaire de l'atmosphère, qu'il faut,
pour en conserver le régule, le mettre dans de
l'huile ou de l'alcool. S'il est réduit en poudre
& que l'on verse là-dessus de l'acide sulfurique,
il en résulte une inflammation phosphorescente.

Le *Manganèse natif* (1) est le plus souvent un
peu oxidulé, d'une couleur métallique noire, rouf-
sâtre & souillante, en gros grains ronds un peu
applatis, d'un tissu lamelleux, en rayons prismatiques divergens, comme le sulfure d'antimoine, mais il s'en distingue par une couleur
plus terne, qui ne se communique que foiblement, si l'on frotte le métal contre une ardoise,
& s'efface aisément avec le doigt. Le manganèse
ne peut même conserver aucun éclat métallique,
que par quelque mélange de fer ou de soufre.
On en a trouvé en France dans les mines de
fer de la vallée de Vic de Sos, au ci-devant comté
de Foix, & dans les Pyrénées.

(1) *Magnesia vulgaris.* Gm.

Le *Manganèse oxidé* (1) se surcharge d'oxigène
sans passer à l'état d'acide. Il s'en rencontre ainsi
dans les mines plusieurs variétés d'après le degré
d'oxidation ; la *blanche* (2) contient peu d'oxigène, mais en absorbe beaucoup à l'air. Après elle
c'est la *bleue*, qui est la moins oxidée ; elle devient quelquefois verte par le mélange avec l'ochre
de fer ; la *rouge* (3) contient plus d'oxigène, &
la *noire* (4) encore davantage, c'est aussi celle
que l'on choisit, par préférence, pour en retirer
du gaz oxigène par l'action du feu.

Il est très-abondant dans la nature, & se présente en filons dans les montagnes primitives, le
plus souvent en mélange avec d'autres métaux.
Il se montre sur les hématites de fer, en une espèce d'enduit ou en filamens qui ont un éclat
métallique. Il se manifeste aussi dans les mines de
fer carbonaté, par la couleur brune dont elles
se couvrent à l'air.

Dans les montagnes secondaires il se rencontre
en couches, & s'étend partout dans leurs fentes
& crevasses. C'est aussi au manganèse qu'il faut
attribuer les dendrites & herborisations dans les
schistes, les agathes & autres pierres.

Lorsque, sur l'oxide de manganèse, on distille

---

(1) *Magnesia ochracea.* Lin.
(2) *Magn. nivea.* Gm.
(3) *Magn. rubra.* Gm.
(4) *Magn. nigra.* G.

de l'acide muriatique, celui ci s'empare de l'oxigène du premier, & devient cet *acide muriatique oxigéné* dont on se sert pour décolorer des substances végétales, telles que le fil de lin & de chanvre, les toiles, la cire jaune, &c. ce que l'on appelle blanchir à la minute.

Le TITANE est d'une consistance en pellicule de brillant métallique & de couleur rouge cuivreuse, qu'on trouve quelquefois sur les roches, mais qu'on n'est pas encore parvenu à en détacher par la fusion. Oxidable cependant à l'air & au feu, il donne un oxide qui se laisse précipiter, par le mélange de l'étain, en une couleur rouge de rubis, & produit, avec le borax, un verre de couleur jaune-foncée.

Comme on ne peut séparer le titane des mines sur lesquelles il se rencontre, l'on n'a aucune donnée exacte ni sur sa pesanteur propre, ni sur ses caractères dans l'état de métal *natif* ou *en régule*, si ce n'est pour la couleur. Les parcelles que *Vauquelin* en a obtenue, en réduisant l'oxide par le feu, étoient d'un rouge de cuivre.

La mine de *Titane oxidée* est mieux connue, c'est ce que l'on nomme vulgairement *Schorl rouge*. Il est de consistance lamelleuse, avec cassure vitreuse, transversale, & crystallisation en prismes, réunis deux à deux par une de leurs extrémités, & formant une espèce de coude. Il

se rencontre en filons dans les roches primitives,
comme par exemple au mont St. Gothard &
près de St. Yrier en Bretagne.

Ce que l'on appelle communément le *Titanit*,
est une mine brune, crystallisée en prisme rhomboïdal à quatre pans & sommet à deux faces.
Elle a été trouvée à Passaw.

Ce métal est jusqu'ici un objet de pure curiosité, comme plusieurs autres découvertes du même genre, entr'autres les deux suivantes.

L'Urane est un métal très-dur & peu fusible,
d'une couleur cendrée, mais qui, par la polissu-
re, change en brun pâle peu éclatant; oxidable
à l'air & au feu, & donnant avec le borax ou
la soude carbonatée un verre brun. Sa *dissolution
d'eau forte* se précipite aussi en une couleur brune,
& celle d'*acide phosphorique* en verte. Sa pesanteur est à peu près 5 fois son volume d'eau. On
ne connaît point encore d'*Urane natif*; son régule forme de petits globules bruns, sans beaucoup d'éclat métallique.

L'*Urane carbonaté* est ce que l'on nomme communément *Calcolithe* (1) ou *Mica vert de Werner*. Il
est d'une consistance lamelleuse un peu diaphane,
avec cassure brillante. La couleur est verte plus
ou moins foncée, mais toujours assez éclatante.
Cette mine se rencontre, en petite quantité, en

---

(1) *Uranum chalcolithus.* G.

forme de paillettes, fur l'*Urane fulfuré*, & dans quelques roches filiceufes en Alemagne.

L'*Urane oxidé* (1) confifte en une poudre jaune mêlée quelquefois à des maffes d'ochre de fer brun noirâtre ; elle fe trouve à St. Simphorien de Mormagne, dans la Côte - d'Or. Elle fe montre auffi en une forte d'efflorefcence fur l'*Urane fulfuré* (2), vulgairement *Pech-blende*, qui eft d'une confiftance friable, mais très-pefante, à caffure reffemblante à celle de la réfine, avec un certain éclat, & couleur brune-foncée. Cette mine eft ordinairement difpofée en couches alternantes avec d'autres minéraux.

Le TANTALE, nouvelle fubftance métallique découverte par M. *A. G. Ekeberg* de l'académie des fciences de Suède, a quelque éclat métallique à fa furface, mais la caffure matte noirâtre. Sa pefanteur eft fix fois & demie fon volume d'eau. Il eft fufible au chalumeau par l'addition du borate de foude, & ne communique aucune couleur au flux. Du refte il eft infoluble dans tous les acides. Soumis à l'action du feu avec l'alcali fixe cauftique, & enfuite leffivé, il fe diffout en partie dans l'eau & fe laiffe précipiter de cette diffolution par le moyen d'un acide.

---

(1) *Uranum ochraceum. G.*
(2) *Uran. fulphureum. G.*

Filtré & séché, il se présente alors sous la forme d'une poudre blanche, qui est le *Tantale oxidé*, & qui, exposé à une forte chaleur dans un creuset, sans autre addition que du charbon pilé, redevient un bouton métallique, que l'on peut regarder comme un *régule de Tantale*.

Voilà tout ce que l'on connoît encore de ce métal. M. *Ekberg* l'a tiré d'une mine qu'il appelle *Tantalite*, étant un composé de ce métal avec un mélange de fer & de manganèse, disséminé en forme de grenats octaèdres irréguliers, de la grandeur d'une noisette, par une gangue formée de silice laiteuse avec paillettes luisantes, dans une montagne de la paroisse de Kimito en Finlande.

Autre part la même substance s'est trouvée réunie avec l'*Ytria* ou la *Gadoline*, combinaison que M. *Ekberg* désigne sous le nom d'*Yt-o-Tantale*.

Métaux cassans & acidifiables.

Le **Tungstène** (1) a été découvert par **Scheele**, chimiste suédois, qui lui a donné ce nom, emprunté de sa langue, & qui signifie *Pierre pesante*. L'on voit que ce nom, par lequel *Scheele* n'avoit voulu indiquer que le minérai d'où on le tire, convient peu à un mé-

____

(1) *Wolframium.* Lin.

(298)

vé; c'est pourquoi on l'a changé nouvellement en celui de *Scheline*, d'après l'inventeur, & qui mérite d'être adopté. *Haüy* préfère de l'écrire *Schelin* : c'est à l'usage à décider.

Le métal est d'une consistance friable, crystallisée en octaèdre, 17 fois plus pesant que l'eau.

On ne l'a jamais rencontré *natif*, & même l'on n'a vu de son regule que de petits globules grisâtres, cassans & légèrement agglutinés, que l'on obtient en mêlant le minéral pilé à du charbon & l'exposant à une très-forte chaleur.

Ce minéral est le *Tungstine oxidé*, vulgairement *Pierre pesante calcaire* (1), d'une consistance compacte, un peu grasse au doigt & à l'œil; la cassure lamelleuse, & la couleur bleuâtre avec une sorte de transparence. Il est soluble dans l'ammoniaque; & fondu avec le phosphate de soude, il lui communique une couleur bleue.

Ce minéral accompagne quelquefois les mines d'étain.

L'on a remarqué qu'un surplus d'oxigène le change en une poussière jaunâtre, & que dans cet état il se comporte comme un acide avec les alcalis & avec les oxides métalliques; mais il ne rougit point les couleurs végétales.

Le *Tungstine oxidé ferrugineux* (2), vulgairement

---

(1) *Wolframium album.* Gm.
(2) *Wolframium spuma lupi.* Lin.

Wolfram.

Wolfram (écume de loup), est d'une consistance lamelleuse avec une poussière brune sur un fonds de couleur d'acier, mais qui n'attire point l'aiguille aimantée.

Il se rencontre aussi avec les mines d'étain; surtout dans des couches graniteuses. On le regardoit autrefois comme une mine de fer pauvre; mais l'on a changé d'avis par la considération qu'il n'est point attirable à l'aimant. Il entre dans la composition de ce minérai un peu d'oxide de manganèse. On l'a trouvé près de *St.-Yriex*, dans la Haute-Vienne.

Le MOLYBDÈNE est aussi d'une consistance grenue, très-peu fusible, mais dissoluble dans les alcalis oxidés par l'action de l'eau, & formant avec eux une solution brune claire, qui change en bleu si l'on y mêle de l'infusion de noix de galles. Quoiqu'il ne s'oxide presque point à l'air; il se réduit par le feu en un oxide, qui, dans la sublimation, se crystallise en aiguilles prismatiques, & passe ensuite en *état d'acide*. Fondu avec le borax, il donne un verre violet. Sa pesanteur métallique approche de 7 fois son volume d'eau.

Ce métal ne s'est pas non plus rencontré *natif*, & son *régule* n'est, à la vue simple, qu'une poudre noire, mais qui se montre au microscope comme une masse de grains brillans agglutinés.

N

Il ne s'est encore préfenté, dans la nature, qu'en *minerai fulfuré* (1), qui eft d'une confiftance lamelleufe, à éclat métallique, ayant une reffemblance à celui du plomb nouvellement coupé, avec une apparence de cryftallifation rhomboïdale, & légèrement couverte d'une pouffière onctueufe, laiffant fur la faïence blanche une trace verdâtre. Cette mine ne pèfe que 4 fois & demie fon volume d'eau, & fe trouve le plus fouvent fur la filice alcaline, ou feld-fpath, dans les montagnes primitives, telles que le Mont-Blanc, le Talifre dans la Savoie, mais fur-tout en Suède.

Il entre auffi quelquefois dans la compofition des granits, & ne fe rencontre de même, dans cette combinaifon, que dans les montagnes primitives.

Le Chrome eft d'une grande dureté, & même très difficile à fondre ; fa pefanteur & fa cryftallifation propre font inconnues, à caufe des matières étrangères dont il eft toujours mêlé. L'on ne l'a jamais trouvé *natif*. Son régule, obtenu par la réduction de fon oxide avec du charbon à un feu violent, offre un amas de petits grains agglutinés, avec éclat blanc métallique.

L'*oxide* du chrome eft de couleur verte, & fon *acide* orangé.

---

(1) *Molybdena vulgaris.* Gm.

Vauquelin s'étoit le premier apperçu de cet acide dans du plomb rouge de Sibérie, & depuis on l'a rencontré combiné avec le fer, dans une mine du département du Var, près de Toulon.

En traitant le même acide par l'acide muriatique, il se décompose, redevient oxide vert, & c'est de celui-ci que l'on tire le régule.

Des expériences faites sur l'émeraude du Pérou & sur le rubis *spinelli* ont fait juger que ces deux pierres précieuses sont colorées, l'une par l'oxide & l'autre par l'acide du chrome. Ils communiquent aussi les mêmes couleurs à des cryftaux de roches dans les mines de Sibérie.

L'Arsenic est un métal très fragile, de couleur d'acier brillant, mais qui se ternit promptement par le contact du feu; cassure écailleuse & grenue, sentant l'ail lorsqu'elle est très-nouvelle. Il fond aisément, avec une flamme bleuâtre, se volatilise déjà à la température de l'eau bouillante, répandant une fumée blanche, avec odeur d'ail. A l'air, il s'oxide facilement, en se recouvrant d'une croûte noirâtre. Cet oxide, exposé au feu, se vitrifie en une masse blanche d'abord transparente, mais qui redevient opaque à l'air, & prend une teinte laiteuse.

La pesanteur de l'arsenic est variable, & ses formes peu déterminées.

L'*Arsenic natif* est nommé de l'arsenic *spécu-*

laire (1) lorsqu'il est en lames brillantes douces
au toucher, & *testacé* (2) lorsqu'il est rude & moins
luisant. Dans les deux cas, il est presque toujours
mêlé d'un peu de fer ; c'est pourquoi que sa pesanteur est près d'un quart plus considérable que
celle de l'*Arsenic en régule*, ou celui que l'on
tire du minérai par le moyen du feu. Lorsque
l'on peut obtenir l'un ou l'autre en crystaux, ils
sont de forme *octaèdre*. La couleur est noirâtre
& sans éclat, parce que le métal se ternit tout
de suite à l'air, par un commencement d'oxidation. Le *régule d'arsenic* est cependant susceptible
de poli.

L'arsenic en état métallique s'unit à presque
tous les autres métaux, & jouit de la propriété singulière de rendre plus ductiles ceux
qui le sont le moins, & de diminuer la ductilité
des métaux qui l'ont naturellement à un plus
haut degré.

L'*Arsenic sulfuré* offre plusieurs variétés.

La jaune, ou l'*Orpiment* (3), est la plus commune ; elle est d'une consistance demi-transparente,
entièrement volatilisable par le feu. Elle se trouve
en masses informes dans les mines d'arsenic &

---

(1) *Arsennicum squamosum.* L.
(2) *Arsen. testaceum.* L.
(3) *Arsen. auripigmentum.* L.

en incruftation fur les volcans, quelquefois détachée en tubercules.

La rouge, ou l'*Arfenic fulfuré fublimé* (1), nommé
vulgairement *Réalgar*, fe trouve principalement
dans les cratères des volcans, & paroît être formée
par l'action des feux fouterrains fur l'orpiment.
L'un & l'autre font de quelque ufage dans la
peinture.

La métallique, ou l'*Arfenic fulfuré ferrugineux* (2) connu fous le nom vulgaire de *Pyrite
arfenicale*, eft d'une confiftance dure, à caffure
grenue, éclatante, mais ternie promptement à
l'air.

La *Mine d'arfenic oxidée* (3) eft quelquefois
cryftallifée en aiguilles d'un blanc tranfparent,
quelquefois en *efflorefcence* de même couleur, &
quelquefois en *mamelons* opaques. Elle fe rencontre dans les filons des mines & dans les fentes des
matières volcaniques, toujours en petite quantité.

C'eft l'oxide blanc artificiel d'arfenic, obtenu par l'action du feu, & qu'une augmentation
d'oxigène fait paffer à l'état d'*Acide arfenique*,
qui entre dans la formation des fels appelés
Arfeniates.

L'arfenic, dans toutes fes combinaifons, agit

____

(1) *Arfenicum fandaraca.* Lin.
(2) *Arfen. fulphuratum.* L.
(3) *Arfen. calciforme.* L.

avec une violence destructive sur l'économie animale, & devient dangereux même à la dose d'un
seul grain. On l'emploie cependant en médecine
comme fondant, surtout dans les maladies scro-
phuleuses, mais avec beaucoup de circonspection.

E A U.

Si la connoissance perfectionnée des minéraux
nous autorise à placer le *Vif-argent* au nombre
des *Métaux malléables*, ne seroit-il pas permis de
ranger aussi la glace ou l'*Eau solide*, à la suite
des *Métaux cassans* ?

L'on pourroit objecter que l'*Eau* est un *corps
composé* ; mais qui sait si les métaux ne sont pas
des corps composés, & si l'analyse de l'un ne
pourra pas conduire à celle des autres ? L'eau
étoit bien aussi un corps simple, avant que les
chimistes français n'eussent découvert sa décomposition.

L'eau renferme, comme les métaux, un principe *combustible* ; elle *fond* à une certaine température, savoir : à 40 degrés centigrades au-
dessus du point de la fusion du mercure. Lorsque la glace est exposée subitement à la chaleur,
elle *rougit* avant que de fondre, & en laissant
refroidir l'eau au-dessous du 40e. degré, on peut
lui imprimer la forme d'un *moule* quelconque,
tout comme aux autres métaux. Si l'on en soumet la fusion à une chaleur au-dessus du 140e. degré

de la même échelle, elle se dissipe en *vapeurs*;
de même que quelques autres métaux à des températures différentes, & comme il arriveroit probablement avec tous, si l'application du degré
requis de chaleur étoit dans le pouvoir de l'air.

La grande pureté de l'eau distillée & sa pesanteur toujours uniforme, dans cet état, donnent un
point d'unité fixe, dont on se sert pour apprécier la pesanteur des autres corps naturels, en
les comparant avec celle de l'eau.

L'*Eau native* ou pure, existe en masses éter-
nelles sur les Alpes & autres élévations semblables, & découle en *fonte* dans les rivières.
Elle plane même en vapeurs dans l'air, d'où
elle retombe par une condensation fréquente,
pour nourrir les sources & ranimer la végétation. Dans cet état, elle est sans goût & sans
couleur.

Sa crystallisation porte le nom de *Neige*. La
neige se forme de petites aiguilles d'octaèdres implantés tout comme le sel ammoniaque plumeux.
Plus pesant que l'air, les premiers crystaux formés descendent vers la terre, & déterminent la
crystallisation de toutes les molécules aqueuses
qu'ils rencontrent en route. Lorsque l'air est
calme, & sa température uniforme au-dessous
du point de congélation, l'on voit ces petits crystaux réunis en étoiles à six rayons, mais dont la

délicatesse leur fait bientôt perdre cette forme
régulière, pour peu que l'atmosphère eût agitée,
ou que les crystaux, en tombant, traversent un
courant d'air qui les fait fondre en partie pour
former du verglas, ou bien que leur trop grande
abondance les réunit en flocons irréguliers.

L'*Eau pure en régule* ou consolidée en glace
après avoir été coulante, est de couleur blanchâtre, avec un éclat vitreux, dont il y en a
aussi des exemples parmi les métaux Elle est, de
plus, sonore & un peu lapide. Cryftallisation en
aiguilles, se croisant sous differens angles en forme
d'étoile : mais qui, en se réunissant, prennent
des figures très-variées, dont l'assemblage fait des
masses informes, se cassant en prismes pentagones.

L'eau se mêle à toutes sortes de substances terreuses & metalliques ; mais sa grande fluidité
l'empêchant de s'y fixer, à la température
moyenne de la chaleur souterraine, il n'existe
pas *des mines d'eau solides.* En général elle se
filtre à travers les couches de sables & coule sur
les couches d'argille, dont elle humecte la surface
sans la pénétrer. Les différences de saveur &
d'odeur dans l'eau proviennent de la nature du
terrain que les veines parcourent.

Eau hydrogénée ou *spiritueuse*, peut se trouver
accidentellement dans la nature, par les exhalaisons d'une fermentation vineuse spontanée ;
mais elle est d'ordinaire l'ouvrage de l'art. Pour

séparer l'eau de la liqueur ardente, on expose la masse à une température assez basse pour faire crystalliser l'eau ; la partie spiritueuse reste fluide.

Eaux sulfurées ou *thermales*, (vulgairement *Bains chauds*). Eau coulant probablement à travers une couche de *Pyrites*, dont la décomposition successive, occasionnée par l'eau même, entretient une chaleur égale en l'imprégnant des vapeurs de soufre qui se dégagent dans cette décomposition.

Eau alcaline sulfurée, ou *hépatique*, tenant en dissolution du sulfure alcalin & ayant une odeur d'œuf pourri, comme celles d'Aix-la-Chapelle.

Eau magnésienne sulfurée, ou imprégnée de sulfure de magnésie, telle que les eaux d'Epsom, &c.

Eau carbonatée, ou *Acidules*. Eau de fontaine, imprégnée d'acide carbonique, ayant un goût aciduleux, agréable, telle que l'eau de *Seltz* & autres, que l'art imite parfaitement.

Eau carbonatée ferrugineuse, ou *Martiale*. Eau mêlée d'acide carbonique tenant du fer en dissolution, & ayant un goût d'encre. Telles sont les eaux de Pirmont & autres.

Eau salée, ou *muriatée*. Eau de mer ; se consolidant en crystaux cubiques par l'évaporation au contact libre de l'air, & formant le sel commun ou muriate de soude, qui, étant une

forte de *furoxidation à double affinité*, ne peut plus
être réduite en eau pure. A quelque point qu'on
le délaie, on le retrouve toujours par l'évaporation.

Eau furoxigénée. Quoique l'eau contienne en
elle-même beaucoup d'*oxigène*, nous obferverons
qu'en fon état de corps naturel diftinct, elle eft
très fujette à *s'oxider* davantage par le feul contact de l'air; nous voyons une croûte noirâtre fe
former à la longue fur la glace & fur la neige,
& les eaux ftagnantes fe couvrir d'une peau qui
eft d'abord de différentes couleurs, mais qui finit
toujours par fe précipiter en une matière terreufe,
qui ne peut plus être réduite en eau.

C'eft auffi une *furoxidation à double affinité*, qui
réfifte à tous nos moyens de décompofition. C'eft,
d'après *Lavoifier*, la caufe de l'indiffolubilité des
terres en général.

L'AIR étoit un corps fimple, jufqu'à ce que la
nouvelle chimie eut trouvé le moyen de le décompofer. On fait à préfent qu'il eft formé d'environ 27 centièmes de gaz refpirable ou oxigène, & de 73 centièmes de gaz azote, ou non
refpirable par fa trop grande légèreté. On fait,
de plus, que ces deux fubftances ne font en état
aëriforme que par leur union avec une troifième,
qui eft le calorique, ou principe de la chaleur;
que l'oxigène perd cette raréfaction par la combuftion, & s'unit à des corps folides d'une ma-

nière affez fenfible pour augmenter leur, par de toute la valeur de la fienne, & que l'azote fe trouve de même folide dans les alcalis fixes & autres corps. L'air que nous refpirons eft donc un compofé minéral, qui fe trouve en état de raréfaction par des caufes tenant à l'économie de la nature à l'égard de notre globe, mais qui fe décompofe dans nos poumons, nous anime par le principe de la chaleur qu'il perd, s'identifie avec nos parties folides, & fait dépendre notre exiftence de la continuité d'une opération chimique naturelle.

Aggrégats.

Après avoir ifolé, pour ainfi dire, chaque fubftance minérale, & leurs combinaifons affez intimes pour n'offrir à l'œil qu'une apparence uniforme, il nous refte de les examiner en état de fimple *aggrégation* dans les maffes entaffées confufément, & comme de nouvelles formations, compofées des débris d'une deftruction antérieure.

Une grande partie de ces aggrégats, ne contenant rien qui porte les traits de l'animalifation ou de la végétation, paroiffent avoir été formés avant l'exiftence des êtres organifés fur le globe, & font défignés par le nom de *terrains primitifs*.

D'autres, qui font remplis d'empreintes de coquillages & de plantes, font nommés *terrains fecondaires*.

Les unes & les autres fe dégradent lentement

N 6

forte de... ...tion des météores, & s'échappent en par-
être r'... ...nées qui, par leur accumulation excessive,
forment des couches que l'on nomme des *terrains
de troisième ordre.*

Ce font ces derniers, le *Terreau*, la *Marne*,
l'*Argille*, le *Sable* & leurs mélanges, qui font
les plus utiles à l'homme, en offrant à fon industrie une conquête facile pour multiplier fa
fubfiftance, & pour étendre fa domination parmi
les animaux frugivores, en partageant avec eux
le produit de fon travail.

Nous avons déjà vu la formation du *Terreau* dans la décomposition animale & végétale,
& celle de la *Marne* par les débris des coquillages. Si l'on fuit les traces de l'argille & des fa-
bles jusqu'à leur origine, on la retrouve dans les
montagnes granitiques, dont les régions moyen-
nes, expofées à des variations fréquentes de chaleur & de froid, fous l'action continue de l'air
& de l'eau, qui font les premiers diffolvans de la
nature, ont été entamées premiérement dans leurs
parties conftituantes les plus fujettes à dégradation, comme celles par exemple formées de filice
alcaline ou feld fpate, qui, fendillée en tout fens,
réduite en pouffière & enlevée par les eaux,
dégage les petits cryftaux de filice vitreufe & éclatante, ou grains de fable qu'elle entouroit dans la
roche; de forte que les uns & les autres defcen-
dent d'abord au pied des montagnes, & entraî-

nés successivement par les torrens, suivant la
pente du terrain, s'amassent & se déposent par
couches, à la rencontre d'un obstacle, ou au desséchement des eaux.

La silice alcaline, réduite en poussière, se mêle
avec l'eau & y reste long-temps suspendue, au
lieu que le sable descend d'abord au fond, dès
qu'il n'est plus emporté par la violence du tor-
rent. Il en arrive, que les couches de sable &
d'argille sont partout alternantes, & que ces
deux substances se trouvent rarement mêlées dans
la nature.

L'argille est donc une nouvelle production siliceuse, qui, ayant été long-temps lavée par l'eau, a
perdu la fusibilité, avec l'alcali, qui entroit dans la
composition du feld-spate, & acquis d'autres quali-
tés, parmi lesquelles plusieurs tiennent à l'extrême
division de ses molécules, dont les très-petits intervalles agissent comme tubes capillaires, ce qui
fait qu'elle happe à la langue humide, qu'elle
s'imbibe facilement d'eau, s'y amollit & retient
long-temps l'humidité, même après qu'elle paroît tout à fait sèche; c'est peut-être aussi son
dessèchement difficile & gradué qui fait qu'elle se
rétrécit en durcissant au feu.

Un des caractères les plus frappans de l'argille, est une odeur particulière qu'elle exhale
lorsqu'elle est humectée par l'haleine, & qui est
connue sous le nom d'*odeur argilleuse*.

Elle est au reste douce au toucher, se polissant sous le doigt, légère, de couleur variable d'après les mélanges qu'elle contient, qui sont de la chaux & de l'oxide de fer, quelquefois aussi de la magnésie, sans parler de la silice, dont l'argille n'est jamais exempte. L'argille pure, ou l'*Alumine* de la Chimie, ne se rencontre guères dans la nature. Les échantillons cités par *Gmelin* & autres, comme ayant été trouvés dans le jardin de l'école publique à Halle en Saxe, offrent bien de l'alumine, mais que des recherches ultérieures ont prouvé devoir son origine à d'anciens travaux chimiques dans le même local.

Les auteurs citent autant d'espèces d'argille qu'on y a trouvé de mélanges différens, mais de cette manière leur nombre peut s'étendre à l'infini. Nous n'en citerons que celles qui ont des caractères bien marqués.

L'*Argille commune* (1), argille glaise de *Mauy*, molle & grasse sous les doigts, cohérente & faisant *pâte* avec l'eau; se crevassant en séchant; de couleur variable, mais prenant une teinte rousse au feu, & se vitrifiant avec une couleur verdâtre, par une température plus élevée.

Cette espèce, très-répandue & souvent presque

---

(1) *Argilla communis*, L.

au jour, est d'un emploi connu pour les briques, les tuiles & la poterie commune.

L'*Argille calcaire magnésienne* (1), argille smec-
tique de *Hauy*, est de consistance lamelleuse avec
teinte verdâtre différemment nuancée, devenant
luisante par le frottement ; se divise & tombe
en poussière dans l'eau, aussi bien qu'en séchant,
& se vitrifie au feu en scories blanchâtres. Elle
est employée à dégraisser les draps & les étoffes
de laine, dont elle emporte les taches en se com-
binant avec les matières grasses, & en tombant
en poussière facile à détacher, dès qu'elle est
sèche.

Cette espèce est beaucoup plus rare que la
précédente. On la rencontre cependant en France
& même dans les départemens réunis, quoiqua
moins abondante qu'en Angleterre.

L'*Argille ochreuse* de *Hauy* est grasse au toucher, luisante par le frottement, ne s'amollit
que lentement dans l'eau, prend au feu une couleur plus foncée, & s'y vitrifie facilement. Cette
espèce renferme plusieurs variétés, dont les principales sont :

Le *Bol d'Arménie* (2) ou terre sigillée des pharmacies, jaune - rougeâtre, employée autrefois
comme astringent, se rencontre partout avec

---

(1) *Argilla fullonica*. G.
(2) *Argilla bolus*. L.

les mines de fer limoneux. Une sous-variété,
couleur de rose pâle, a été nommée *Terre de
Lemnos* (1).

L'*Argille crayon rouge* (2), employé par les
dessinateurs.

L'*Argille jaune* (3) n'est d'aucun usage dans
son état naturel ; mais rouge au feu, elle est
connue sous le nom de *Rouge d'Angleterre*, employée à nettoyer & polir les cuivres.

L'*Argille verte* (4), nommée communément
Terre de Véronne, quoiqu'elle se trouve aussi ailleurs, comme par exemple, à Pont-Audemer,
en Normandie ; & près de Wavre, dans la Belgique, fournit une couleur qui ne change point
à l'air.

L'*Argille schisteuse*, de *Hauy*, est d'une consistance feuilletée, endurcie, soit par un long
dessèchement, soit par quelque mélange bitumineux. Les variétés principales sont :

L'*Argille schisteuse tabulaire* (5), de *Hauy*,
susceptible d'un léger poli, de couleur grise-
noirâtre, à écriture blanche ; est d'un usage connu

---

(1) *Argilla Lemnia.* L.
(2) *Arg. rubrica.* L.
(3) *Arg. lutea.* Gm.
(4) *Arg. viridis.* L.
(5) *Schistus tabularis.* Lin. *Ardesia tabularis.* Gm.

pour des tables à chiffrer. Elle est commune en Suisse.

L'*Argille schisteuse tégulaire* (1), de *Hauy*, ou l'*Ardoise commune*, est plus dure que la première, mais facilement divisible en lames. Couleur bleuâtre, grise ou même rousse. Sonore au contact violent d'un corps dur. Sert à couvrir les maisons. On en a dans la Belgique une carrière abondante, près de Jodoigne.

L'*Argille schisteuse novaculaire* (2), de *Hauy*, communément pierre à rafoir, est formée de deux couches compactes inséparables, l'une bleuâtre, l'autre jaunâtre. Se trouve en abondance près de Luxembourg; même près de Liège, suivant *Hauy*.

L'*Argille schisteuse graphique* (3), de *Hauy*, vulgairement crayon noir, d'une consistance molle, tachante, à écriture noire, devient rouge au feu. Elle est d'un grand usage pour les peintres, dans les premières esquisses des figures.

La couleur noire, connue sous le nom d'*Umbra* (4) parmi les peintres, n'est qu'une variété plus molle de cette espèce.

L'*Argille schisteuse impressionnée* (5), de *Hauy*;

---

(1) *Schistus tegularis.* L. *Ard. tegularis.* G.
(2) *Ardesia novacula.* G.
(3) *Ard. nigrica.* G.
(4) *Argilla umbra.* G.
(5) *Arg. fissilis.* G.

n'est rien qu'une ardoise ordinaire, portant l'empreinte de feuilles, de fougères, de mousses, de squelettes de poissons, & autres substances, qui, s'étant trouvées enveloppées entre les couches de l'ardoise encore molle à sa première formation, y ont laissé l'impression de leurs contours. On en trouve souvent de beaux échantillons près de Jodoigne.

Le Sable n'est pas moins sujet à des combinaisons variées que l'argille. Sortant de la même origine, il se trouve d'abord mélangé de toutes les substances qui entrent dans la composition des granits; mais comme elles diffèrent de volume & de pesanteur, elles se séparent dans les courans des eaux qui les charient, & se purifient à mesure qu'elles s'éloignent de leur source. Les angles des crystaux s'usent par le frottement, & ils finissent par n'avoir plus d'autres formes que celles de grains arrondis.

C'est ainsi que le sable commun (1) des hauteurs granitiques se trouve encore composé de *Silice vitreuse*, de *Silice éclatante*, de *Silice alcaline*, en formes anguleuses & de grandeurs différentes; & que le sable doré (2), si abondant en paillettes de silice éclatante, ne se rencontre aussi

---

(1) *Arena sabulum.* Lin.
(2) *Ar. micacea.* L.

que près de ſon origine ; que celui des rivières (1)
& des lacs conſiſte en gros grains arrondis de
ſilice vitreuſe preſque pure ; que celui des bruyères (2), éloignées des montagnes, eſt en grains
beaucoup plus fins, mais mêlé d'argille au point
de faire pâte lorſqu'il eſt mouillé, & pouvoir ſervir
de moule à la fuſion des métaux ; que le ſable
des grandes plaines ſtériles (3) offre un grain
preſqu'égal de ſilice vitreuſe pure, & d'une pe-
titeſſe à être facilement emporté par les vents :
c'eſt là le ſable mouvant ſi fatal à différentes
contrées.

La Belgique offre ici des preuves manifeſtes,
tant de la cauſe que des effets. Les Ardennes
ſont les anciennes Alpes de ces contrées. De ce
point élevé, le terrain ſe baiſſe en une pente
douce juſqu'à la mer.

D'après cet exemple & d'autres ſemblables,
n'oſeroit-on pas prédire que, par la ſuite des ſiècles,
les Alpes d'aujourd'hui s'affaiſſeront de même,
& que leurs débris fertiliſeront des collines de
nouvelle formation ?

Les rochers du département des Forêts ſont
environnés de ces gros ſables, mélangés des au-

---

(1) *Arena ruſtica.* L.
(2) *Ar. glarea.* L.
(3) *Ar. mobilis.* L.

tres matières qui forment les débris récens du
granit.

Les rivières sortant des Ardennes déposent les
mêmes sables plus purs, & en grains visiblement
usés dans le transport.

Les sables du Brabant & de la Flandres,
transportés en roulant à une distance de trente
ou quarante lieues de leur source, sont si abondans & d'un grain si fin, qu'ils auroient infail-
liblement fait de ce pays un désert semblable à
celui de l'Arabie, si la bienfaisante nature ne leur
avoit pas opposé les irruptions de la mer,
dont le limon les a captivés, & en a fait le
fondement des couches, soit de terre calcaire, formée des débris des testacées, soit d'argille, dont les eaux avoient enlevé les élémens
aux rochers pour en fertiliser les plaines. Sans ces
inondations, les Pays Bas ne seroient qu'une mer
de sable mouvante.

Nous avons déjà remarqué, comment les in-
filtrations d'un ciment calcaire forme dans les
sables ces moëlons de grés qui servent à la construction des digues hollandaises & au pavement
des chaussées ; mais le Brabant fournit aussi l'exemple de la formation d'un autre grés, dont le
ciment, aussi bien que le grain, est de nature siliceuse, puisque leur composé donne des étincelles
au briquet, sans fournir de l'effervescence avec
les acides. Ce grés se trouve en abondance dans les

environs de *Nil - pierreuse*, département de la Dyle. Il forme de petits rochers à pic dont la contrée est parsemée, & il est le plus souvent chargé de crystaux réguliers de silice vitreuse. On s'en est servi pour paver la chaussée de Nil à Wavre, mais la trop grande dureté le rend peu propre à cet usage. Il détruit en peu de temps les cercles des roues, & donne de rudes secousses aux voitures. Il est d'un grain très-fin, & sa couleur décèle un mélange ferrugineux.

Ce grès ne se rapporte à aucune espèce citée par les minéralogues. Il a bien quelque ressemblance, par le grain & la couleur, avec la *Pierre à aiguiser* (1), que l'on trouve dans le pays de Liege, mais celle-ci est moins dure, & ne se rencontre pas hérissée de crystal-de-roche comme l'autre.

Un grès à ciment siliceux se trouve aussi à *Fosse*, dans le Hainaut, au-delà de Grammont. Il est d'une couleur grise-bleuâtre, & s'exploite ensemble avec un autre grès de même nature, coloré en jaune & en rouge par l'ochre de fer, & un grès siliceux calcaire blanc à très-gros grains. Tous les trois sont employés dans les pavés des chaussées de la Flandres & des rues de Gand; c'est le dernier qui est préféré. Les deux autres

---

(1) *Arenarius* etc. L.

sont trop cassans, surtout celui de couleur rougeâtre.

Le *Grès à filtrer* (1), formé de grains siliceux,
tenant ensemble sans aucun ciment visible, &
laissant de petits interstices donnant passage à
l'eau, étoit autrefois très-vanté pour rendre l'eau
de la mer potable, mais n'est guères aujourd'hui
qu'un objet de curiosité.

Le Granite est aussi formé de grains en petits crystaux tenant ensemble sans ciment, mais
il est plus compact, & composé de plusieurs
substances différentes. De plus, il ne se trouve
que dans les montagnes primitives, au lieu que
le grès est visiblement d'une nouvelle formation.

Quoique les granites soient formés d'une aggré-
tion confuse de petits crystaux de différentes
substances, qui paroissent fondus ensemble d'un
seul jet, il y en a cependant une qui est toujours prédominante, & c'est la *Silice alcaline*;
ce qui est la raison pourquoi *Hauy* désigne
les granites sous le nom de *Roches feltspatiques
avec quartz & mica*.

Cette dénomination est exacte sans doute;
mais d'après le principe que j'ai suivi, de préférer les noms de dérivation française, je pro.

---

(1) *Arenarius filtrum*. L.

pofé pour les roches , la nomenclature fui-
vante :

Roche filiceufe mélangée , ou *Granite* , de confiftance compacte , formée de deux , trois ou
plufieurs fubftances de nature filiceufe. C'eft la
combinaifon ternaire qui eft la plus commune
dans la nature. Elle offre de la *Silice alcaline* ,
vitreufe & éclatante , ou d'après l'ancienne nomenclature adoptée par *Hauy* , du *Felifpath* , du
Quartz & du *Mica* (1). Ce n'eft pas qu'il ne
s'y trouve auffi quelquefois d'autres mélanges ,
mais ils ne font qu'*accidentels* , au lieu que les
trois fubftances citées y font conftantes & *effen-*
tielles ; les autres varient prefque dans chaque
montagne.

Un granit des plus célèbres eft celui qui porte
le nom d'*Egypte* , & dont il y a tant d'échantillons dans les monumens de Rome. Il eft compofé de filice alcaline rouge , de filice vitreufe
blanche , tranflucide , & de paillettes de filice
éclatante noire. Ce n'eft cependant qu'une variété du granite ordinaire , dans lequel les couleurs
rouges , blanches & noires fe rencontrent le plus fréquemment , & dont on a même des exemples
dans la Belgique , comme dans le granite de
Blamont , qui eft très beau , quoique le noir y
prédomine ; dans celui de *Dunkerque* , d'un grain

____

(1) *Granites genuinus.* L.

plus grossier, & d'une couleur dominante rousse-
plie, fans parler des différens granites des Anciens.

Parmi les granites distingués, l'on peut citer
celui de la *Styrie*, composé de silice alcaline bleuâtre, de silice vitreuse blanche, & de silice magnésienne nacrée (*Talc*) (1), mêlée à l'éclatante.

Le *Granite vert* (2), ou *Roche jadéenne de
Hauy*, qui se rencontre dans les montagnes de
la Suisse & de Savoie, a une base de *Silice magnésienne compacte*, de couleur verte.

Le *Granite noirâtre* (3), ou *Roche amphibolique
de Hauy*, qui est un composé de silice alcaline
& vitreuse, blanches, & de cornéenne éclatante,
noire, (*Hornblende*) se rencontre aussi très-
souvent dans les monumens de Rome ancienne.

On trouve encore des granites renfermant des
Grenats (4), de la *Rayonnante* (5), des *Pyrites* (6), & autres mélanges extraordinaires,
mais qui ne changent aucunement les caractères
génériques.

Parmi les combinaisons binaires, nous remar-

---

(1) *Granites talcosus.* G.
(2) *Gran. viridis.* Gm.
(3) *Gran. syenites.* Id.
(4) *Gran. helveticus.* Id. *Tyroliensis.* Id.
(5) *Gran. elegans.* Id.
(6) *Gran. splendidus.* Id.

querons

querons celles de silice alcaline & de silice vitreuse, ou le *Granitin* de *Daubenton*, mais que
Linné a nommé *Granite simple* (1), dont une variété, qui présente des traits anguleux gris sur un fond
blanchâtre, est nommée vulgairement *Pierre graphique*; une combinaison de silice alcaline & de
schorle, qui est le *Granitelle* (2) de *Daubenton*;
une de la même silice & de grenats (3), qui se
trouve dans les montagnes de la Suisse & près
du Vésuve; une autre de silice vitreuse verdâtre
& de grenats rouges (4), dans celles de la Bavière
& du Tyrol. Un beau granite, composé de
silice vitreuse transparente & d'aiguilles de rayonnante (5), a été trouvé près de Genève & ailleurs; un granite de Corse, composé de silice vitreuse opaque & de rayonnante, renfermant des
boules formées de couches alternantes concentriques des mêmes matières; sans parler des combinaisons du péridot granuliforme, ou l'olivin,
& autres belles productions volcaniques, avec
les substances ordinaires composant les granites.

La Silice mélangée schisteuse, ou le
Gneiss des Allemands, est aussi composée de deux
ou trois substances, combinées de la même ma-

(1) *Granites simplex.* Lin.
(2) *Gran. scoriaceus.* Gm.
(3) *Gran. granatinus.* Id.
(4) *Gran. Bavaricus.* Id.
(5) *Gran. capillaris.* Id.

Q

nière que dans les granites, avec la seule différence d'une *contexture feuilletée*.

Parmi celles à combinaison binaire, nous remarquerons la *Pierre aux fourneaux* (1), quartz micacé
de *Hauy*, formé de silice vitreuse opaque, avec
de la silice éclatante en moindre proportion. Elle
est inattaquable au feu, lorsqu'elle présente la
face des lames à son action; mais leur tranchant
y résiste moins.

Dans le *Schiste siliceux éclatant* (2), ou *Glim-
merschieffer* de *Werner*, la silice éclatante se trouve
en plus grande proportion, & de manière à mas-
quer tout à fait l'autre. C'est toujours la silice
éclatante qui prédomine dans les *Gneisses*, &
leur communique sa nature lamelleuse. Ce qui
arrive non seulement avec d'autres substances siliceuses, mais encore avec l'argille durcie, l'ardoise, le stéatite, la cornéenne, &c. en des
combinaisons binaires, ternaires & quaternaires.

Roche siliceuse grainée, ou *Porphyre siliceux*, est d'une pâte uniforme foncée, de la nature
du jaspe, parsemé de grains plus clairs de silice
alcaline, avec quelques autres mélanges peu considérables.

Le porphyre est, comme le granite, quelquefois
de consistance compacte, & quelquefois feuilletée.

____

(1) *Gneissum fornacum*. L.
(2) *Gn. micaceum*. G.

La variété la plus célèbre, c'est le *Porphyre antique*, de couleur rouge-brune (1), & ponctuée de blanc ou de rouge clair, avec des aiguilles légères de noir. C'est une des pierres les plus dures & du grain le plus fin. On le tiroit anciennement de l'*Egypte* ; mais il se trouve aussi en Italie, & même en France : dans les Vosges, & dans les montagnes de la Bourgogne & de la Savoie.

Le porphyre noir d'Egypte (2) a presque la même dureté, *Werner* le dit composé de basalte & de horneblende, les grains quelquefois blanchâtres, quelquefois verdâtres.

La Belgique possède une roche siliceuse grisefoncée, quelquefois verdâtre, grainée de blanc avec quelques brins noirâtres, qui est aussi un véritable porphyre, d'un grain très fin, & susceptible d'un beau poli ; mais son abondance la fait mépriser : elle n'est guères employée qu'à paver les rues de Bruxelles & les chaussées des environs. Elle s'exploite à Quénasse, Clabeck, & autres endroits près de la route de Bruxelles à Mons. Une variété brune - noirâtre se trouve à Vépion, entre Namur & Dinant.

La couleur de la première variété approche beaucoup du *gris de fer*, & en voyant les fragmens

____

(1) *Porphyrius genuinus*. L.
(2) *Porph. Ægyptius*. G.

de cette roche se couvrir, à l'air humide, d'une croûte *rouge-foncée*, jauniſſant au feu, l'on juge que la ſilice, qui en compoſe la pâte, contient un *mé-lange ferrugineux*, & qu'elle participe ainſi de la nature du *jaſpe* ; ce qui rend compte de ſon extrème dureté, & l'approche du porphyre antique.

Une autre roche, moins dure (1), à pâte uni-forme, que les minéralogues allemands diſent *petroſiliceuſe*, parſemée d'aiguilles & de grains irré-guliers de felſpate, ſe rencontre en variétés nom-breuſes en Italie, en Allemagne & dans le Nord.

Le *Porphyre feuilleté* (2), ou *Porphyr-ſchiffer* de *Werner*, eſt à peu près de la même compoſition, mais d'une couleur moins variée. Il eſt ſouvent cendré ou noirâtre, & quelquefois arboriſé comme les ſchiſtes argilleux. Il ſe trouve en Bohême & en Allemagne.

Une autre roche grainée reſſemble parfai-tement au porphyre, mais n'étincelle point au briquet, & ſemble plier ſous le marteau. Elle ré-pand de plus une odeur argilleuſe lorſqu'elle eſt humectée par l'haleine : *Hauy* l'appelle *Roche cor-néenne*, ou *Pierre de corne*, & la dit compoſée d'amphibole & d'argille ferrugineuſe ; mais lorſ-qu'il cite le porphyre rouge parmi les variétés de cette roche, il faut qu'il entende un autre por-

---

(1) *Porphyrius nothus*. G.
(2) *Porp. ſchiſteſus*. Id.

phyre que celui que nous avons décrit fous le même nom , puifque celui-ci *étincelle* fous le briquet , & n'exhale point d'*odeur argilleufe*.

Quant à la dénomination de *Pierre de corne*, je l'ai toujours employée d'après la définition de *Hauy* ; mais j'obferverai que fa fignification varie dans les auteurs ; on la voit tantôt équivalente au bafalte , tantôt à la horne-blende, tantôt au perrofilex , & à la pierre-à-fufil. *Werner* la range parmi les fubftances filiceufes.

La Roche siliceuse incrustée , ou le *Serpentin de Daubenton* , eft d'une pâte de filice vitreufe uniforme , incruftée de gros fragmens de filice alcaline & de parcelles noires de fchorle.

La Roche serpentineuse , formée d'une argille magnéfienne , avec du fer & d'autres mélanges , eft d'une couleur verdâtre , parfemés de veines & de taches ordinairement plus foncées , & offrant quelque reffemblance avec la peau d'un ferpent. Ces fortes de roches font très variées. Il y en a même qui , par des taches plus claires que la pâte , ont une apparence du porphyre ; mais ces taches , beaucoup plus grandes que les grains de ce dernier & fouvent avec des angles rentrans , proviennent de glandes d'une nature différente , & qui paroiffent implantées , quoique fondues enfemble avec la pâte ; comme on en voit des exemples dans le *Klingstein* (1) des Allemands, dans le *vert-antique* (2), à glandes de chaux carbonatée blanche, & d'autres semblables.

Ces sortes de roches se rangent plus convenablement sous la dénomination de *Roches amygdaloïdes* (3), dont la plus commune est formée, suivant *Wallerius*, de trapp (espèce de basalte) & spate de calcaire; elle se rencontre dans le pays de Deux-Ponts, en Italie, & ailleurs, & ne doit différer que très-peu de la *Roche cornéenne grise ou brune, avec des globules calcaires*, citée par *Hauy* d'après *Saussure*, & que ce dernier auteur avoit nommé *Variolite de Drac*; mais que d'autres minéralogues avoient trouvé dans les montagnes du Dauphiné. On voit en effet, par la liste que *Gmelin* donne de ces sortes de roches, qu'elles se rencontrent partout.

Les roches amygdaloïdes ne doivent pas être confondues avec d'autres concrétions, qui leur ressemblent au premier coup-d'œil, mais dans lesquelles un examen plus attentif découvre bientôt des traces d'une formation secondaire, & que leurs parties principales s'y trouvent agglutinées par un ciment, au lieu d'avoir été fondues ensemble d'un premier jet, comme les roches granitiques, porphyriennes, serpentineuses, & amygdaloïdes.

____

(1) *Porphyrius tintinans.* Gm.
(2) *Porph. antiquus.* G.
(3) *Amygdalites.* Id.

Ces concrétions secondaires sont les *Poudingues*
& les *Brèches*. Les premiers sont formés de cailloux & autres pierres siliceuses arrondies, soit
opaques, soit transparentes, réunies en masse par
un ciment de même nature (1). Les secondes sont
composées de fragmens anguleux, agglutinés de la
même manière, comme dans la *Brèche verte d'E-
gypte* (2), & dans la *Brèche de Frejus*; la première formée de roche siliceuse unie, (Petrosilex)
& l'autre de Jaspe (3). Nous avons déjà vu des
exemples de brèches dans les marbres; on en
trouve de même en variétés très-nombreuses dans
les porphyres, dans les serpentines, dans les granites, & même dans les MATIÈRES VOLCANIQUES.

Quoique ces dernières soient plutôt des produits
accidentels des embrâsemens souterrains, que des
parties intégrantes du globe, elles sont trop répandues pour ne pas mériter un examen particulier.

On sait que les éruptions des volcans finissent
d'ordinaire par l'écoulement d'une matière, composée principalement de silice & d'alumine ferrugineuse avec un peu de magnésie, nommée

---

(1) *Breccia silicina*. Lin.
(2) *Brec. Ægyptia*. Gm.
(3) *Brec. Jaspidea*. Id.

O

Lave, qui s'endurcit par le refroidissement (1).
Cette substance nouvelle offre d'abord l'apparence
d'un marbre grenu obscur, mais perd peu à peu
sa dureté & finit par se réduire en une terre argilleuse, qui est la cause de la grande fertilité
des environs d'Etna & du Vésuve; & peut-être
la source plus éloignée de celle de beaucoup d'autres contrées, dont les volcans, éteints depuis des
siècles, sont déjà oubliés, & dont les vestiges ne
sont plus visibles qu'au scrutateur attentif de la
nature.

Lorsque la matière liquifiée par les feux souterrains est très abondante en silice, mêlée de
quelque substance alcaline ou calcaire, il se forme
une sorte de verre fossile, ou *Lave vitreuse compacte* (2), nommée *Obsidienne* par quelques auteurs, & par d'autres *Pierre de Gallinacé*, je ne sais
pas trop pourquoi. Elle est le plus souvent noirâtre, mais il s'en rencontre aussi d'autres couleurs,
soit transparentes, soit opaques, & offrant dans
ce dernier cas une ressemblance parfaite avec les
émaux artificiels; on la désigne alors sous le
nom de *Laitier des volcans*, d'après *Faujas*. Elle
se trouve en effet dans les volcans, surtout dans
ceux d'Islande & d'Amérique. Les Péruviens en
font des miroirs.

----

(1) *Lava compacta.* G.
(2) *L. vitrea.* L.

La *Lave vitreuse granuliforme* (1), en grains irréguliers, d'un luisant noirâtre, avec translucidité, se rencontre incrustée dans une *Lave vitreuse perlée* (2), qui semblent toutes les deux être des variétés de la première.

La *Lave vitreuse capillaire* ne diffère aussi des autres que par sa forme en filets.

La *Lave vitreuse pumicée* (3), de *Hauy*, nommée communément *Pierre ponce*, est formée de fibres parallèles, d'un éclat opaque soyeux. Elle est assez légère pour surnager à l'eau, & se rencontre souvent dans la Méditerranée & autres mers environnant les volcans. On la trouve ailleurs identifiée avec des terrains jadis volcaniques, comme près de *Coblentz*, *Neuwied*, *Cassel*, & autres endroits sur les bords du Rhin.

La *Lave scorifiée* (4), en filamens contournés, est plus pesante que la pierre ponce, mais moins que la lave compacte, dont elle couvre les couches en Sicile & ailleurs. C'est la première à se décomposer en argille.

Dolomieu en sépare la *Lave poreuse* (5), qui

---

(1) *Lichts-saphir.* Werner.
(2) *Perlstein.* Id.
(3) *Lava pumex.* L.
(4) *L. scoriacea.* Gmelin d'après Dolomieu.
(5) *L. porosa.* G.

cependant est aussi une espèce de scorie moins vitrifiée.

Les *Sables volcaniques* ne sont que de petits fragmens de ces scories.

Les *Basaltes*, dont nous avons déjà parlé, & qui sont, en général, d'une contexture beaucoup plus homogène que les laves, pourroient fort bien être des concrétions de ces sables purs, ayant d'abord formé avec l'eau une pâte, solidifiée ensuite par le desséchement.

Les *Matières volcaniques cuites*, nommées *Thermantides* par *Hauy*, n'ont peut-être pas subi, dans les éruptions, un moindre degré de chaleur que les matières vitrifiées, mais ont été, par leur nature, moins sujettes de passer à l'état de verre. Telles sont la *Pouzzolane*, proprement dite, & les *Cendres volcaniques*.

La *Pouzzolane* (1), ou thermantide cimentaire de *Hauy*, est d'une consistance poreuse, en petits fragmens raboteux, de couleur variable, entre le noir, le rouge foncé & le gris.

On sait que, mêlée avec de la chaux, elle forme un ciment impénétrable à l'eau, & qui est employé dans les souterrains des maisons de Venise, aussi bien qu'il a servi à la construction des aqueducs, & autres ouvrages semblables qui nous restent des anciens Romains.

____

(1) *Puteolana genuina.* Gm.

Soumise à l'action du feu, la pouzzolane prend
une teinte rouge - foncée, & peut servir aux
mêmes usages que la silice vitreuse aluminifère
ou *Tripoli*.

Les *Cendres volcaniques* (1), thormantide pulvérulente de *Hauy*, sortent des volcans au milieu des flammes, & sont dispersées par les vents
à de grandes distances ; lorsqu'elles rencontrent des brouillards dans l'air, elles s'empâtent
& retombent en une sorte de pluie terreuse.
Partout où elles se déposent en quantité convenable, elles favorisent la végétation ; comme les
cendres en général, quoique d'une nature très-
différente.

Les *Matières volcaniques boueuses*, formées de
terres délayées d'eau, & pas assez chauffées au
sein du volcan pour subir la vitrification ou la
cuisson, forment quelquefois la masse d'éruptions
particulières, presque autant dévastatrices que
celles des laves. Cette pâte, desséchée par l'évaporation, porte le nom de *Tuf volcanique*, dont
une variété très - grainée, connue en Italie sous le
nom de *Peperino*, sert comme pierre à bâtir ; &
une autre, nommée communément *Pierre de trafs*,
est employée dans le ciment des digues hollandaises.

Les laves, les basaltes & les tufs renferment
une quantité de substances plus ou moins altérées

____

(1) *Puteolana cinerea.* Gm.

par l'action du feu ; mais comme nous les avons
déjà examinées dans leur état naturel, il seroit
superflu de revenir ici sur leur sujet.

Ainsi nous avons à-peu-près parcouru la carrière que nous nous étions proposée. Nous avons
recherché d'abord la composition des terres nour-
ricières de l'homme, & appris à augmenter la
fertilité du terreau, par l'addition des matières
analogues à sa nature, & par le mélange de la
marne, de la chaux, & autres substances, suivant le besoin.

Nous avons examiné ensuite ces matières calcaires, si répandues dans la nature, & dont l'utilité est si multipliée. En remontant jusqu'à leur
origine, nous avons admiré les moyens si simples qui tirent de la destruction même une nouvelle source d'existence, & posent le germe végétal sur les dépouilles amoncelées des habitans
des eaux.

Ayant appris à connoître la nature *acidifère*
des substances *Calcaires*, telles que la Chaux
carbonatée, craie, marbre, spate ; *sulfatée*, gyps ;
fluatée, spate fluor ; *phosphatée*, apatite ; *nitratée*,
nitre calcaire ; *arséniatée*, pharmacolithe, nous leur
assimilons d'autres substances également combinées avec l'acide carbonique, sulfurique, phosphorique, nitrique & autres, telles que la Potasse
nitratée, salpêtre ; la Soude *muriatée*, sel com-

mun ; *boratée*, borax ou tincal ; *carbonatée*, natron ; *sulfatée*, sel de Glauber ; l'AMMONIAQUE *muriatée*, sel ammoniac ; l'ALUMINE *alcaline sul-fatée*, alun ; *muriatée*, alun salé ; *fluatée*, cryo-lithe ; la MAGNÉSIE *sulfatée*, sel d'Epsom ; *boratée*, spate boracique ; la BARYTE *sulfatée*, spate pesant ; *carbonatée*, pierre aux rats ; & la STRONTIANE, dans les mêmes combinaisons. De-là nous avons passé aux substances qui ressemblent aux acidifères ou salines par leur *incombustibilité*, mais en dif-fèrent par une consistance qui ne laisse échapper aucune marque de la présence d'*un acide*, par l'emploi des réactifs découverts jusqu'à présent, de sorte que s'il en entre dans leur composition, sa nature nous est parfaitement inconnue.

De ces substances, la plus répandue c'est la SILICE, quelquefois pure, mais le plus souvent en état de combinaison avec d'autres substances.

Dans le dédale où nous engagent ici les diffé-rens systèmes, & à travers lequel nous avons suivi les auteurs les plus célèbres, nous n'a-vons trouvé de guides plus sûrs que l'*analy-se* ; c'est elle qui a indiqué les rapprochemens suivans :

La SILICE PURE, ou à peu près, se divise en *silice vitreuse*, le quartz, qui offre un grand nombre de variétés, avec ou sans transparence, colorées ou incolorées ; la *Silice résinite*, opale ; la *Silice gelatine*, agathe.

Les composés commencent par la Silice pierrière *translucide*, caillou ; *opaque*, jaspe, très-voisin du caillou, mais qui en diffère par sa grande dureté & par son défaut de transparence: Silice ferrifère magnésée *Jade*, pierre néphritique. Silice alcaline, felspate, pétrosilex. Silice magnésienne, *aquifère*, talc ; *alumineuse*, asbeste, amianthe, rayonnante ; *Alumineuse ferrifère*, *Mica*, paillette éclatante ; *calcaire*, Grammatite, ou trémolite ; *calcaire ferrugineux*, serpentine. Silice alumineuse aquifère, zéolithe, ou bouillonnante ; *Mésotype*, ou zéolithe rayonnée & fibreuse ; *Stilbite*, ou zéolithe lamelleuse ; *Analcime*, ou zéolithe cubique ; *Chabasie*, ou zéolithe prismatique ; *Préhnite*, ou zéolithe verdâtre ; *Distène*, ou zéolithe bleue ; *Dipyre*, ou zéolithe étincellante ; *Macle*, ou zéolithe croisée ; *Pycnite*, ou leucolite ; *Anatase*, ou schorle bleu changeant. Silice alumineuse ferrugineuse, *Tourmaline*, schorle ; *Epidote*, ou schorle vert, thalite ; *Peridot*, ou olivin ; *Axinite*, ou schorle violet, thummerstein ; *Sphène*, ou nouveau schorle violet. Silice alumineuse ferri-calcaire, *Idocrase*, ou hyacinthine, vésuvienne ; *Méionite*, ou hyacinthe de la Somma ; *Pyroxène*, ou schorle des volcans ; *Nepheline*, ou somnite, & enfin le *Grenat*. Silice alumineuse alcaline, *Lepidolithe*, ou écailleuse ; *Amphigène*, leucite, ou grenatite. Silice barytée aquifère, *Har-

morone, ou hyacinthe blanche cruciforme. SI-
LICE GADOLINE FERRIFÈRE, *gadolinite*. SILICE
CALCAIRE ALUMINEUSE, *Lazulite*, ou pierre d'a-
zur. SILICE CALCAIRE CUIVREUSE, *Dioptase*, ou
émeraudine. SILICE GLUCINE AQUIFÈRE, *Euclase*,
ou émeraudite. SILICE GLUCINE FERRIFÈRE,
Aigue-marine, ou beryl, chryfolithe. SILICE
GLUCINE CHROMIQUE, *Emeraude*. SILICE ZIRCONE
FERRIFÈRE, *Zircone*, ou jargon.

Dans les autres pierres fines, la proportion
de la filice diminue, & celle de l'alumine
augmente, au point d'exclure totalement l'autre
dans les plus précieuses, comme nous le voyons
dans la férie suivante :

ALUMINE SILICEUSE FERRIFÈRE, *Cymophane*,
ou chryfoberil ; *Corindon*, ou fpate adamantin.
ALUMINE SILICEUSE AQUIFÈRE, *Topaze*, ou variable. ALUMINE CHROMATÉE, fpinelle. ALUMINE
FERRIFÈRE, *Télésie*, ou gemme parfaite : rubis,
topaze, faphir d'Orient.

De la gemme orientale, au *Diamant*, la
transition est presque imperceptible : le faphir
blanc lui reffemble si bien qu'il est très-difficile de les distinguer. L'analyse nous apprend
cependant que le diamant est d'une nature très-
différente : il est volatil à une forte chaleur, &
touche ainsi à la férie des SUBSTANCES COMBUSTI-
BLES formée par les *Bitumes* & leurs compofés, les
Ambres, le *Soufre*, le *Carbone*, qui brûlent avec

flamme à toute température ; & les *Métaux*, qui
ne s'enflamment qu'à des températures très-éle-
vées, mais qui brûlent plus ou moins à la chaleur ordinaire de l'atmosphère : d'une ignition in-
visible, quoiqu'évidente dans son effet, puisqu'elle les réduit en cendres métalliques ou *oxides*.
Les métaux sont plus utiles & précieux, à mesure qu'ils sont peu susceptibles d'oxidation, mais
ont beaucoup d'aptitude à devenir ductiles sous le
marteau.

L'*Or*, le *Platine* & l'*Argent*, sont les moins
oxidables, & en même-temps très-ductiles.

Le *Fer*, le *Cuivre*, l'*Etain*, le *Plomb*, sont
trop facilement oxidables, mais en revanche très-
ductiles. L'avantage compense le défaut.

Le *Zinc*, le *Mercure*, sont aisément oxidables, & peu ductiles.

Le *Bismuth*, le *Cobalt*, le *Nicole*, l'*Antimoine*,
le *Manganèse*, l'*Urane*, le *Titane*, le *Tellure*, le
Tantale, sont facilement *oxidables* & *cassans*.

Le *Tungstène*, le *Molybdène*, le *Chrome*, l'*Arsenic*, sont non - seulement oxidables, mais de
plus *acidifiables*, en même-temps qu'ils sont *très-
cassans*.

Nous avons considéré chacun des métaux
dans les différens états qu'ils se rencontrent dans
la nature, soit *libres de tout mélange*, soit *en
combinaisons entre eux* ou avec d'autres combustibles, tels que le *Carbone*, le *Soufre* & le

Phosphate; ou bien encore avec l'*Oxigène*, foit
en état d'oxide ou d'acide.

A la fuite de ces fubftances, nous avons rangé
l'*Eau*, comme *combuftible*, *acidifiable*, & même
caffante dans l'état de *glace*, c'eft à dire, *avant que
d'être fondue* par la chaleur; l'*Air*, comme *combuftible*, eft *acidifiable*, mais toujours en état de
gaz ou de volatilifation, dans toutes les variations de température de notre atmofphère,
& ne fe confolidant que *partiellement*, foit dans
la *combuftion* des corps folides, foit dans la *formation des alcalis* fixes.

Toutes les fubftances diftinctes, dont nous
avons ainfi cherché les caractères, font difperfées
& comme perdues dans les maffes d'*Agrégats*,
qui, avec l'eau, font prefque la totalité du globe;
Les *Argilles*, ou friables, ou durcies, formant
de vaftes couches alternantes avec les *Sables*,
Cailloux & leurs fragmens, foit libres, foit en concrétions avec des *matières calcaires*, qui entrent
auffi en d'autres combinaifons, furtout avec l'argille & le *Fer*, & occupent fouvent des étendues
confidérables, où elles paroiffent même augmenter
de volume, ou du moins réparer continuellement
fes pertes.

L'expérience nous apprend, que des *Carrières
de marbre* épuifées & abandonnées, ont été exploitées de nouveau avec avantage, après un
intervalle de 60 à 80 ans; ce qui ne doit pas

étonner, puisque nous voyons de la *Chaux carbonatée* se former, pour ainsi dire, sous nos
yeux, dans les cascades & dans les grottes. Mais
le marbre étant une chaux *carbonatée ferrugineuse*,
comment rendre compte de la *présence du fer* dans
ces nouvelles formations ? L'on pourra dire qu'il
y est déposé par les eaux ; mais toujours fau-
dra-t-il expliquer comment ce fluide s'en trouve
chargé. En consultant l'*observation*, qui est l'o-
racle le plus sûr, nous apprenons, que non-
seulement la chaux carbonatée, mais encore les
argilles, les grès, les sables, & presque toutes
les terres secondaires, tiennent plus ou moins de
fer, & que ce métal se rencontre partout, *jusque
dans notre sang*, où il ne peut être entré que
par la *respiration*. Il faut donc que l'*Air*, aussi
bien que l'*Eau*, *puisse tenir le fer en solution*, ou
bien que l'*Ochre*, qui est, pour ainsi dire, la
première modification de ce métal, soit le produit d'une simple décomposition de l'air atmos-
phérique, dont l'oxigène, avidement absorbé par
les argilles & autres terres, s'y accumule, se
combine intimément avec leurs molécules, &
forme un *oxide* d'où l'action du feu extrait le
fer. Dès que cette origine fut bien constatée, il
s'ensuivroit qu'il n'existe point de *Fer natif*.

Les roches primitives de la terre ont une conformation toute particulière, qui décèle peut-être
une origine plus ancienne que la planète dont

elles forment, pour ainsi dire, le squelette; soit
que ces roches montrent une pâte à peu près
uniforme, parsemée de grains de nature différente comme les *Porphyres*, soit qu'elles con-
sistent en grains ou fragmens de plusieurs natures,
tenant ensemble sans d'autre ciment que celui
formé de leur propre fusion, comme les *granites*,
tout cela entremêlé de veines métalliques. Il est
nécessaire, pour que cette cohérence ait pu avoir
lieu, que toutes ces masses, formant le noyau
du globe entier, aient été fondues, comme d'un
seul jet, dans un foyer assez vaste pour les contenir, par une chaleur surpassant toute celle que
la nature ou l'art ait jamais produit sur la terre.
En vain voudra-t-on attribuer cet effet à une cause
volcanique : les volcans auroient occupé toute
la surface de la terre, & ils n'auroient cependant
pas formé les porphyres & les granites, puisque les
produits volcaniques, bien connus, tels que les
différentes sortes de *Laves* & de *Basaltes*, n'offrent
aucune autre analogie avec ces anciennes roches,
que des affaissemens successifs, avec transforma-
tion en terre nourricière. En suivant les traces
de ces changemens, la pensée remonte à une
époque où le globe ne consistoit qu'en son noyau
primitif, sortant de l'état de fusion qui l'avoit
formé : la superficie encore fumante & enveloppée
d'un océan de vapeurs : le dedans agité des restes
d'un embrâsement, qui reprenant par intervalles,

perçoit à travers les voûtes mal affermies qui le renfermoient. Cette portion de matière, arrondie par l'action de la gravitation naturelle de ses molécules en état de fluidité, aura nécessairement fait partie d'une masse plus grande, d'où elle est sortie dans l'état qu'offrent encore les roches primitives. Il est évident, que telle que nous voyons la contexture de ces roches, en différentes combinaisons de silice, d'alumine, de carbone, de soufre & de métaux, telle doit être aussi la composition du TOUT, dont ce nouveau globule avoit fait partie, & dont elle aura été détachée par une explosion quelconque. Les scories enflammées que jette le fer incandescent, & qui, après avoir brillé en forme d'étincelles, tombent privées d'éclat & de chaleur, ne conservent, de leur origine, que des indices, qu'un observateur philosophe est seul capable d'apprécier.

FIN.

TABLE

TABLE
DES MATIÈRES

Contenues dans ce Volume.

A.

a 3

G.

H.

Q.

R.

TABLE DES NOMS

GÉNÉRIQUES ET SPÉCIFIQUES

DES MINÉRAUX

D'après le Systême de la Nature par LINNÉ, édition de GMELIN.

A.

Fin de la table.